バイデン政権下の
アメリカ農業・農政

服部 信司

筑波書房

目　次

第Ⅰ章
高騰する穀物価格：背景・潤う国と圧迫される国

1．穀物価格が高騰している

　2022年11月時点における2021/22年度のアメリカ小麦農場価格は、1ブッシェル（27.5kg）あたり9.2ドル（年度については、表Ⅰ－1の注2ををを参照）。一昨（2020/21）年度5.05ドルの1.8倍になった。トウモロコシは6.8ドルで一昨年度の1.5倍、大豆は14ドルで同10.8ドルの1.3倍である（表Ⅰ－1）。

（表Ⅰ－1）アメリカの穀物・農場価格（ドル/ブッシエル）1)

品目	2020/2021 年度2) 平均	2022/2023 年度3) 平均
小麦	5.05 （100）	9.20 （182）
トウモロコシ	4.53 （100）	6.80 （150）
大豆	10.80 （100）	14.00 （130）

注1）ブッシエル：小麦・大豆 27.5 kg、トウモロコシ：25.4 kg。
注2）小麦年度：6月→翌年5月、トウモロコシ・大豆：10月→翌年9月。
注3）2022 年度は、2022 年 11 月時点での予測（アメリカ農務省）。
資料：USDA（アメリカ農務省），World Supply and Demand Estimates, Nove.
　　　2022.

　この高騰は、いうまでもなく、ロシアのウクライナ侵攻の結果である。ウクライナの2021/22年度の小麦輸出推定量は1,884万トン（世界輸出量の9.3％、第5位）。これが、ロシアの侵攻により、不安定な状態に置かれているからである。
　穀物価格の高騰には、さらにいくつかの要因がある。

2．燃料価格の高騰が輸送運賃を引上げ、穀物価格の上昇に結び付く

　我が国をはじめ多くの国は、石油の供給を中東諸国に依存している。その石油価格が高騰するとともに、中東諸国（ガルフ）からの輸送運賃を引き上げている。

ガルフ→日本への石油・輸送運賃は、2019年4月にはトンあたり421ドル（100）であったが、2022年6月には、789ドル（187）に跳ね上がり、以降、そこに高止まりしているのである。

3．輸出規制国（途上国）による輸出規制が穀価の引上げを促す

それだけではない。

国内食料の維持のために、農産物の輸出を規制している途上国の輸出規制が、穀物価格の一層の引上げを促している。

輸出規制を行っている主な輸出規制国を挙げれば、アフガニスタンは小麦、アルゼンチンは牛肉、インドは小麦・砂糖、イランはジャガイモ・トマト、パキスタンは砂糖、マレーシアは鶏肉の輸出を規制している（表Ⅰ－2）。

（表Ⅰ－2）主要輸出規制国の主な輸出規制品目

輸出規制国	輸出規制品目
アフガニスタン	小麦
アルゼンチン	牛肉
インド	小麦、砂糖
イラン	ジャガイモ、トマト
パキスタン	砂糖
マレーシア	鶏肉

資料：日本経済新聞、2022年6月9日。

これらの輸出規制は、各国の国内食料・維持のために、欠かせないものであろう。それを批判することは、誰にもできない。

だが、それが穀物価格の上昇を促しているのも事実である。

4．価格高騰は、最大の穀物輸出国＝アメリカを潤す

この価格高騰は、最大の穀物輸出国・アメリカを潤している。

アメリカにおける農業総所得（農業からの総所得：企業における農業からの所得を含む）は、2020/21年度には、1,441億ドル（1ドル＝140円とし、

20兆1,740億円）に達したとされる。

　2021/22年度における企業を除くアメリカの農場の1農場平均・農業現金所得は、全農場が5万300ドル、2016/17年度平均4万400ドルの1.25倍。家族農場は4万2,700ドルで、2016/17年度3万6,800ドルの1.16倍となっている。

　いずれも、一定程度上昇している。穀物価格の上昇は、家族農場にとっても恩恵をもたらしているのである（表Ⅰ－3）。

（表Ⅰ－3）アメリカの家族農場と全農場：1農場平均の農業純現金所得（1,000ドル）

農場のタイプ	2016/2017年度平均	2021/2022年度平均1)
全農場	40.4（100）	50.3（125）
家族農場	36.8（100）	42.7（116）

注1）2021/2022年度は、2022年9月時点での予測（アメリカ農務省）。
資料：USDA/ERS（経済調査局），Farm-Level Average Net Cash Income by Typology. Sept. 2022.

5．穀物の輸入に依存する途上国を圧迫する

　だが、世界には、穀物の輸入に依存する途上国も少なくない。サブ・サハラ地域（サハラ砂漠以南のアフリカ地域）は、そのひとつである。

　この地域は、消費する小麦の85％を輸入に依存している。その輸入小麦の3分の1を、ロシア・ウクライナ産が占めるとされる。

　こうした国は、自国の農業生産の拡大を重要課題としている。先進国には、それに向けた協力と援助が求められている。

　我が国も、積極的にその一翼を担う必要がある。

第Ⅱ章
2022年の中間選挙の結果とインフレ・人手不足のアメリカ経済

1．2022年中間選挙の結果：下院は僅差で共和党、上院は民主党が多数に

　2022年11月の下院選挙は共和党の勝利となった。共和党222議席、民主党213議席。差は9議席（表Ⅱ－1）の僅差であった。

（表Ⅱ－1）アメリカ中間選挙（2022年11月）の結果：下院1）

	獲得議席数	選挙前の議席数	増減数
共和党	222	213	＋9
民主党	213	222	－9
合計	435	435	

注1）2年おきに、全員改選。

　政権党は、大統領選挙後の中間選挙では、おおむね敗北する。大統領選勝利への有権者の反動からである。

　政権党が中間選挙で失った下院の議席数は、トランプ政権下（2018年）で40議席、オバマ政権下（2014年）で13議席であった。これに比べると、バイデン政権が失った9議席数は、きわめて少ないといえる。

　アメリカの識者（バージニア大学政治センター、J．マイルズ・コールマン氏）は、「与党が中間選挙でここまで議席を死守するのはまれで、オバマ元大統領でさえできなかった。有権者はバイデン政権によるインフラ投資法やインフレ抑制法、半導体法の成立を評価した。今回の選挙では、郊外の有権者がカギとなったが、こうした有権者は、トランプ前大統領の推薦する候補者の過激な主張を嫌い、現職の安定性を重視したのだと思う」としている1）。

　上院は、選挙において、僅差（50：49）で民主党がリードを保ちつつも、決着がつかなかったが、ジョージア州の再選挙で民主が勝利し、51：49で民

（表Ⅱ－2）アメリカ中間選挙（2022年11月）の結果：上院[1]

	獲得議席数	非改選	合計議席数	改選前からの増減数
共和党	20	29	49	−1
民主党	15	34	49	＋1
その他[2]	0	2	2	0
合計	35	65	100	0

注1） 2年ごとに、3分の1を改選。
注2） 独立系。
注3） 民主党は、独立系と連携し、上院の多数派を維持。

主党の支配が継続した（表Ⅱ－2）。

　CBSニュースの出口調査によれば、「上院選の投票要因上位2位は、いずれの州も「インフレ」「妊娠の人工中絶（を認める）問題」で、インフレが上回った。

　「中絶問題」とは、トランプ政権で連邦最高裁の判事の内訳が保守派の多数となり、連邦最高裁が中絶を違憲としたことである。ただし、中絶についての最終判断は、州の最高裁による。

　いずれの州でも「インフレ」を選択した人の4分の1は民主党候補に投票しており、インフレ関心票が、共和党候補に極端に集中することはなかった。

　一方、「中絶（を認める）問題」を選択した人の9割は民主党候補に投票しており、これが民主党上院候補の得票数が、僅差で共和党候補を上回ることにつながった」[2]とされる。

　このように、中間選挙の結果は、選挙前の予想＝共和党の大勝利にはならなかった。民主党が善戦したといえよう。

　そこには、バイデン政権1年目の政策が意味を持っていたと見られる。

2．バイデン政権が1年目に実施した政策

　2021年にバイデン政権が行った政策は、

　(1) 1人あたり1,400ドルの現金給付。

　(2) FRB（連邦準備銀行）の金融緩和＝金利ゼロへの量的緩和であった。

この背景には、折からのコロナの感染拡大のなかで、“コロナショック→恐慌への恐れ”があったといわれる。それに対応したのである。

1人1,400ドルは、1ドル＝130円として、18万2,000円であり、4人家族とすれば、72万8,000円となる。アメリカの家庭にとって、相当程度、意味のある金額といえよう。

中間選挙において、民主党・バイデン政権の「善戦」という評価が見られ、選挙前の予想に反し、共和党の大勝利にならなかったのは、バイデン政権1年目の政策の賜物であったと考えられる。

3. アメリカ経済の現状：失業率の低下・賃金と消費者物価の上昇が進む

表Ⅱ－3は、2016年から2022年に至るアメリカの民間失業率を示している。

（表Ⅱ－3）アメリカと日本の失業率　　（％）

年	アメリカ	日本
2016	4.9	3.1
2017	4.4	2.8
2018	3.9	2.4
2019	3.7	2.4
2020	8.1	2.8
2021	5.4	2.8
2022	3.6	2.6
2023	3.8	2.3

資料：IMF, World Economic Outlook Database.

失業率は、2019年に一旦3％代後半に低下した後、コロナ渦の2020年に8.1％に達した。だが、以降、急速に下降し、22年には3％半ばに至っている。この間、雇用の拡大が続いてきたのである。

他方、アメリカの実質賃金は、毎年、4％以上の高い伸びを示してきた。2022年の賃金上昇率は10％に及んだ[3]。この伸びは、ドイツ、イギリス、フランスを上回り、先進国の中で最も高い。ちなみに、日本は1％前後を低迷している。

　2022年のアメリカの健康価格指数（賃金・社会保障・家賃の総合価格指数）は、消費者価格指数を上回って上昇したのである[4]。

　この賃金の上昇を背景に、消費の拡大→消費者物価指数の上昇が続いてきた。

　消費者物価指数は、2010年→2015年に９％増と進み、2015年→2019年５％増といったん低下した後、2019年→2020年８月に４％増に急上昇したのである（表Ⅱ－４）。

（表Ⅱ－４）アメリカ：消費者物価指数[1]（2010－2020、8月）

年	消費者物価指数	比　較
2010	218.1	（100）
2015	237.0	（109）（100）
2019	249.2	（114）（105）（100）
2020、8 月	259.9	（119）（110）（104）

注１）1982-1984：100
資料：US Bureau of Labor Statistics, Jan. 2023.

　コロナ下において、賃金上昇と物価上昇（インフレ）のスパイラルが発生したと見おるべきであろう。

4．インフレの背景は人手不足

　こうしたアメリカのインフレの背景には、人手不足がある。

　人手不足の要因には、(1) コロナ感染を避けるために、高齢者が退職したこと、(2) 子供の感染や学級閉鎖により子育て世代の女性が職場復帰しにくいことが、指摘されてきた[5]。

　これまでのアメリカでは、不足する労働力をメキシコや中南米からの移民で補ってきた。しかし、新たな変異種であるオミクロン株の出現により、アメリカの入国規制が強化され、移民増は期待ができなくなったのである。こうして、人手不足は長期化し、インフレが進行することになった。

5．賃金の引き上げ→インフレへ

　アメリカの賃金は過去１年間上がり続けた。上述のように、2022年の賃金上昇率は、10％に及んだ。

　雇い主は、人員の確保に奔走し、労働者は高い賃金を求めたといわれる。

　住宅や自動車など、ここ１年間、物価の伸びを支えてきた業種に加えて、旅行や外食などのサービス産業に、需要が拡大し、経済全体のインフレ高進に転じたわけである。

　昨年のアメリカの物価上昇率7.1％は、日本3.8％の倍近かった。

　ここに、アメリカの「所得以上に消費する文化」が加わり、賃上げと物価上昇（インフレ）のスパイラルが生まれたと考えられる。

6．ねじれ議会とバイデン政権

　第Ⅰ章において指摘したように、中間選挙の結果、アメリカ議会は、下院は共和党、上院は民主党という"ねじれ議会"となった。

　民主・共和両党の政策合意は、容易ではない。

　今後の２年間は、政策的には、「停滞の２年間」にならざるを得ないとみられている。

　バイデン政権にとっても、新たな政策が簡単には実施しえないことになる。

　その政権運営は、難しいものになっていく可能性が高いとみられているのである。

注１）日本貿易振興機構（JETRO）地域分析レポート、「米中間選挙」、2022年12月８日。
注２）大和総研、WORLD、2021年12月８日、「米国で人手不足が長期化し得るわけ」2021年12月８日。
注３）U.S. Bureau of Economic Analysis（BEA），Dec. 2022。
注４）U.S. Bureau of Labor Statistics, Jan. 2023。
注５）日本経済新聞、2022年12月８日。

第Ⅲ章
バイデン政権下のアメリカ農業と農政

　2021年1月に発足したバイデン政権は、2023年2月時点で2年を過ぎた。バイデン政権下のアメリカ農業と農政は、どのような状態を示しているのか。輸出競争、農業所得、農業政策に焦点を置いてみていこう。

1．農産物輸出競争の激化とアメリカ農業の位置

（1）小麦：低下するアメリカ農業の位置

　表Ⅲ-1は、トウモロコシ・大豆・小麦の主要国の輸出量を示す。まず、小麦から見ていこう。

（表Ⅲ-1）トウモロコシ・大豆・小麦：主要国の輸出量（2021/2022年度1)）

（100万トン）

国	トウモロコシ		大豆		小麦	
アメリカ	62.8	(30.7)	58.7	(38.1)	21.8	(10.7)
ブラジル	48.0	(23.4)	79.1	(51.3)	3.1	(1.5)
アルゼンチン	34.0	(16.6)	2.9	(1.9)	16.0	(7.9)
ウクライナ	27.0	(13.2)			18.8	(9.3)
ロシア	4.0	(2.0)			33.0	(16.3)
EU	6.0	(2.0)			31.9	(15.7)
カナダ	2.2	(1.1)			15.1	(7.4)
豪州					27.5	(13.6)
総計 （世界全体）	204.7	(100.0)	153.9	(100.0)	202.9	(100.0)

注1）小麦年度：6月→翌年5月。トウモロコシ・大豆年度：10月〜翌年9月。
資料：USDA（アメリカ農務省）、World Agricultural Supply and Demand Estimates（WASDE）, Feb. 2023.

　2021/2022年度（2021年6月→2022年5月）の小麦輸出量は、①「EU27＋イギリス」3,400万トン（全体の16.8％）、②ロシア3,300万トン（全体の16.3％）、③豪州2,750万トン（13.6％）④アメリカ2,180万トン（10.7％）、⑤ウクライナ1,880万トン（9.3％）となっている。

アメリカ2,180万トンは、豪州2,750万トンに570万トンの差をつけられて、第4位である。アメリカは、昨年の第3位から一つ順位を下げている。

　アメリカの小麦生産地帯は、主として、ミシシッピー川からロッキー山脈の間に広がる雨量の少ない半乾燥地帯＝大平原地帯において、2年分の雨量による2年1作の休閑地方式で生産されている。小麦は、雨量＝水分が少なくとも、生育出来るからである。

　これに対し、生育期に一定の雨量を必要とするトウモロコシや大豆は、主として、ミシシッピー川から東の地域＝コーンベルト（ミシガン、オハイオ、イリノイ、アイオワ、ミズーリ）において、生産されている。

　他方、ロシア・EUにおいて、小麦は、農業地帯の中心部（ロシアの黒土地帯など）において生産されている。EUには、アメリカとは異なり、広大な半乾燥地帯は存在しない。

　EUの小麦単収は高く、それによって、ヨーロッパ（EU＋イギリス）の小麦生産量はアメリカを超して世界1位になっているわけである。ロシアが、アメリカを上回っているのも、ほぼ同じ理由からである。

（2）トウモロコシ輸出：アメリカ、首位を保つ

　2021/2022年度（2021年10月→2022年9月）のアメリカのトウモロコシの推定輸出量（アメリカの農務省による）は、6,280万トン（世界の30.7％）で世界第1位。2位ブラジル4,800万トン（23.4％）、3位アルゼンチン3,400万トン（16.6％）である。アメリカは、2位ブラジルを1,480万トン上回っている。

　アメリカのトウモロコシは、地勢が平坦で、夏に一定の雨量があるトウモロコシ生産の適地であるコーンベルトで、生産されている。大豆は、そのトウモロコシとの輪作で作られている。大豆は、トウモロコシが必要とする窒素を生育中に地中に蓄えるので、大豆とトウモロコシは、交互に作られているのである。

　こうしたことから、アメリカのトウモロコシ生産費は、世界で最も低い。

（表Ⅲ－2）トウモロコシ生産コスト[1]：アメリカ、ブラジル、アルゼンチン（2010）

（ドル/ブッシエル）

	アメリカ	ブラジル	アルゼンチン
エーカ[2]あたり 総コスト	550.2 （100）	397.02 （72）	428.8 （78）
単収（ブッシエル[3]）	145 （100）	84 （58）	109 （75）
ドル/ブッシエル	3.80 （100）	4.74 （125）	3.93 （103）

注1）自己所有地の地代相当分、自己労働の賃金相当分をふくむ。
注2）エーカ＝0.4ha。
注3）ブッシエル：小麦・大豆＝27.2 kg。トウモロコシ＝25.4 kg。
資料：USDA, Corn and Soybean Production Costs and Export Competitiveness in Argentine, Brazil and the United States, 2016, p.18.

表Ⅲ－2のように、アメリカの1ブッシエル当たりトウモロコシ生産費3.80ドルは、アルゼンチン3.93ドル、ブラジル4.74ドルを下回っている。

アメリカが、トウモロコシ輸出において、世界1位を保っているのは、その結果である。

（3）大豆：ブラジルに次いで2位

アメリカの2021/2022年度の大豆輸出量5,870万トン（世界シエア38.1％）は、ブラジル7,910万トン（同51.3％）についで、世界第2位。

この関係は、この10年間ほど続いている。だが、ブラジルとのシエアの差は拡大している。

広大な土地を持つブラジルは、地価が低く、かつ労賃も安いので、大豆の生産費7.47ドル/ブッシエルは、アメリカ8.16ドルを下回り（表Ⅲ－3）、世界で最も低いのである。

アメリカの大豆生産コストが、なお、ブラジルの9％高にとどまっているのは、主産地＝コーンベルトにけるトウモロコシとの輪作による生産のためである。

（表Ⅲ－3）大豆生産コスト：アメリカ、ブラジル、アルゼンチン（2010）

（ドル／エーカ）

	アメリカ	ブラジル	アルゼンチン
エーカあたり （総コスト）	364.09 (100)	324.33 (89.3)	322.88 (88.7)
単収 （ブッシエル）	44.6 (100)	43.4 (97.3)	36.6 (82.1)
ドル／ブッシエル	8.16 (100)	7.47 (91.5)	8.81 (108)

資料：USDA, op. cit., p.13.

2．穀物価格：7年間（2014→2020）、低下を続ける

2014年から2020年への7年間、アメリカの穀物価格は低下状態を続けてきた（表Ⅲ－4）。

（表Ⅲ－4）**農場価格と目標価格：トウモロコシ、小麦、大豆（ドル／ブッシエル）**

年度	目標価格1)	2014	2015	2016	2017	2018	2019	2020	2021	2022
トウモロコシ	3.70	3.54	3.66	3.29	3.25	3.42	3.56	4.53	6.00	6.70
小麦	5.50	6.44	5.12	3.93	4.80	5.20	4.58	5.05	7.63	9.10
大豆	9.05	10.88	8.97	9.46	9.28	8.61	8.57	10.80	13.30	14.20

注1）農場の受けとり価格が目標価格を下回る場合には、その差が政府から不足払いされる。
注2）年度：トウモロコシ、大豆＝10月→翌年9月。小麦：6月→翌年5月。
資料：USDA, World Agriculture Supply and Demand Estimates, Feb. 2023.

トウモロコシの農場価格は、2013年には4.61ドル/ブッシエルであったが、2014年に3.54ドルに低下し、以降2020年まで7年間、3ドル台の水準を続けていたのである。

小麦の価格も、2013年には7.08ドル/ブッシエルであったが、2014年に6.44ドルに低下し、2015年以降2021年へと4～5ドル台を続けてきた。

次に見るように、アメリカの農場の所得が、2020年に至るこの7年間、低下し続けてきたのは、2014→2020年の穀物価格の低下の結果である。

　そこで、価格低下の状態を少し詳しく見ると、トウモロコシの３ドル台の水準は、2020年の4.53ドルを除き、いずれも、目標価格3.70ドルよりも低い。ただし、農場価格が、目標価格を下回れば、その差が生産者に対して不足払いされる。言い換えれば、トウモロコシの農場価格は、目標価格によって、支えられてきたのである。

　2015年から2021年への小麦の農場価格（4.58 ～ 5.12ドル）も目標価格：5.5ドルによって支えられてきた。

　これに対し、大豆の場合は、目標価格9.05ドルを下回ったのは、2014→2020年の７年間のなかで、2015、2018、2019年の３年間にすぎない。中国による大豆の大量輸入により、大豆価格は大幅に低下することなく、比較的高めに維持されていたからである。

３．2021年に価格が反転

　2021年、トウモロコシ価格は６ドルに、小麦価格7.63ドル、大豆価格は、13.3ドルに上昇し、いずれも、目標価格を大幅に上回った。

　この傾向は、2022年に入っても、続いている。ロシアのウクライナ侵攻によるウクライナ危機の結果である。

４．コロナ下のアメリカ農業：所得が少し減る

　現在、アメリカには、204万2,200の農場がある。そのうちの、９割強は、家族農場である。家族農場の農家は、基本的に、農場の中に居宅を構え、そこで生活し、かつ、農業生産活動を行っている。

　表Ⅲ－５は、全農場と家族農場の１農場あたり平均の農業純現金所得を示している。

　2020 ～ 2022年平均の全農場（204万2,200）：１農場平均の農業純現金所得は、４万4,700ドル（１ドル＝110円で）＝492万円、１家族農場平均の農業純現金所得は、３万9,900ドル（439万円）である。

　これを2014 ～ 16年平均と比べると、全農場の場合は、900ドル：２％の減、

（表Ⅲ－5）1農場平均・1家族農場平均：農業現金所得（1,000ドル）

	2014－2016平均	2017－2019平均	2020－2022平均
1農場平均 農業純現金所得	45.6 （100）	37.8 （82.9）	44.7 （98.0）
1家族農場平均 農業純現金所得	41.6 （100）	33.2 （79.8）	39.9 （95.9）

資料：USDA/ERS, Farm Level Averaged Net Cash Income by Sales Class & Typology, 2014-2022F. April 30, 2022.

家族農場の場合は、1,700ドル：4％の減となっている。

　価格が、やや低下したからである。表Ⅲ－4のように、小麦価格は、2015年から2021年の7年間、目標価格の5.50ドル/ブッシエルを下回り続け、トウモロコシ価格も2014年から18年の5年間、目標価格3.70ドル/ブッシエルを下回り続けていた。その間、生産者は目標価格によって、支えられてきたわけである。

　農業純現金所得は、2017～2019年には、2014～2016年に比べ、1農場平均で17％、1家族農場平均で20％と大幅に減少したが、2020～2022年では、そこから回復し、2014～2016年平均の近くに戻っている。上述のように、価格が回復したからである（前掲表Ⅲ－4）。

　ところで、1家族農場あたり農業純現金所得3万9,900ドル＝439万円というのは、1家族を4人とした場合、住居費がかからない、野菜等の食料を自給しているという点を考慮しても、必ずしも、楽な生活ではあるまい。そこでは、兼業所得を稼得し、それを合わせて必要経費を賄っている場合が、少なからずあるとみられる。

5．バイデン政権下の農業政策：2018年農業法と最近の所得措置

（1）穀物価格：7年間、低下を続ける

　前掲表Ⅲ－4は、2012年から2021年への10年間のトウモロコシ、小麦、大豆の農場価格（農民受け取り価格）を示している。

　トウモロコシの農場価格は、2014～2019年の6年間、不足払いの基準と

なる目標価格（3.70ドル/ブッシエル）を下回り続けてきた。小麦の農場価格も、2015年→2020年の間、6年間も目標価格（5.50ドル/ブッシエル）を下回り続けた。ロシアとブラジルが小麦・大豆の強力な輸出国として登場し、その第1位に進出するなかで、輸出国の間で輸出競争が激化し、穀物価格を押し下げてきたのである。

その競争圧力を最も強く受けたのが、アメリカ農業であった。先に見たように、とくに小麦において、アメリカ農業の穀物輸出に占める位置が低下した。それが、2017〜19年におけるアメリカの農業所得の減少を引き起こすことになったわけである。

2018年12月に制定された2018年農業法には、こうした事態への対応も問われたといっていい。

（2）2018年農業法：所得補償を引き上げる方策を導入

2018年農業法の最大の特徴は、目標価格（reference price 1））を引き上げるメカニズムを導入したことである。

それが、実効目標価格（effective reference price）の設定である。

これまでは、農業法において、農業法の期間＝5年間の目標価格の水準が決定されていた。

直近の2014年農業法についてみれば、2014→2018年の5年間の目標価格が、そこにおいて、決定されていたのである。すなわち、小麦の目標価格は、2014〜18年度を通し5.50ドル/ブッシエル、トウモロコシは同3.70ドル、大豆8.40ドルであった。

これに対し、2018年農業法は、「直近5年間の生産者の販売価格も考慮に入れ、翌年度の実効目標価格を設定する」とした。毎年、翌年の目標価格を決めていく、としたのである。

実効目標価格は、以下のA、Bのいずれか小さい方とされた。

A. 目標価格の115％

B. （1）目標価格（2014年農業法における）

（2）直近5年間のうちの最高と最低を除く3年間の生産者販売価格の
85%。このうちの、いずれか大きい方。

この方式によれば、実効目標価格は、それまでの目標価格と同じか、その
水準を15%まで上回ることになる。

2018年農業法は、アメリカ農業の所得保障の基準である目標価格を引きあ
げるメカニズムを導入したのである。

（3）実効目標価格の水準

1）2020年・2021年の実効目標価格

では、2020年と2021年の実効目標価格は、どのような水準になっているの
だろうか。上記の方式に従い、算出してみよう。

2020年度の実効目標価格（表Ⅲ－6）は、小麦5.50ドル/ブッシエル、ト
ウモロコシ3.70ドル、大豆9.05ドルとなっている。いずれも、2019年度・こ
れまでの目標価格と同じである。2021年度についても、同様である（表Ⅲ－
7）。

（表Ⅲ－6）2020年度の実効目標価格（ドル/ブッシエル）

品目	2019年度の目標価格	2019年度の目標価格の115%	過去5年間の販売価格の中庸3年平均の85%	2020年度の実効目標価格
小　麦	5.50	6.33	4.12	5.50
トウモロコシ	3.70	4.26	2.94	3.70
大　豆	9.05	10.41	7.64	9.05

資料：Agricultural Improvement Act of 2018, pp.16-17. USDA, WASDE, March 2021.

（表Ⅲ－7）2021年度の実効目標価格（ドル/ブッシエル）

品目	2020年度の目標価格	2020年度の目標価格の115%	過去5年間の販売価格の中庸3年平均の85%	2021年度の実効目標価格
小麦	5.50	6.33	4.07	5.50
トウモロコシ	3.70	4.26	3.42	3.70
大豆	9.05	10.41	8.85	9.05

資料：表Ⅲ－5と同じ。

　2018年農業法において、目標価格を引き上げるメカニズムを導入したが、そのメカニズムによっても、目標価格を引き上げる結果には至らなかったのである。

2）実効目標価格と生産費の比較

　2020年と2021年の小麦の実効目標価格5.50ドルは2019年の生産費6.12ドルの90％、トウモロコシ3.70ドルは同3.99ドルの92.7％、大豆9.05ドルは同9.78ドルの92.5％である（表Ⅲ－8）。実効目標価格は、生産費の9割強をカバーしている。

（表Ⅲ－8）　2019年度の実効目標価格と生産費の比較

	生産費1) （A）	実効目標価格			平均 （B）	比較 B/A （%）
		2019	2020	2021		
小麦	6.12	5.50	5.50	5.50	5.50	90.0
トウモロコシ	3.99	3.70	3.70	3.70	3.70	92.7
大豆	9.78	9.05	9.05	9.05	9.05	92.5

注1）機会コスト（自己所有地への地代分、自己労働への労賃分）を含む。

　ところで、生産費には、実際には支出されていない「所有地についての地代分」（機会コスト）も入っている。

　そこで、実効目標価格と「土地についての機会コストを除いた生産費」を比較すると、その実効目標価格は、小麦で10％、トウモロコシで21％、大豆で37％、「土地機会コストを除いた生産費」上回ることになる（表Ⅲ－9）。言いかえれば、目標価格は、現金支出コストはカバーしているのである。

（表Ⅲ－9）土地の機会コストを除く生産費と目標価格（2019年度）（ドル/ブッシエル）

	トウモロコシ	小麦	大豆
土地の機会コストを除く生産費	3.07（100）	4.99（100）	6.62（100）
目標価格	3.70（121）	5.50（110）	9.05（137）

資料：USDA, Corn Production Costs and Returns Per Planted Acers Excluding Government Payments, March 2021.

3) 2019年度と2020年度：主要穀物が目標価格に支えられ、不足払いを受給

2019/2020年度の小麦農場価格4.58ドル5) は、実効目標価格5.50ドルによって支えられていた（表Ⅲ－10）。トウモロコシ農場価格3.56ドルも実効目標価格3.70ドルに支えられていた。大豆の農場価格8.57ドルも、実効目標価格9.05ドルに支えられていたことになる。

（表Ⅲ－10）実効目標価格と農場価格（2019/20 年度、2020/21 年度）（ドル/ブッシエル）

年度	2019/2020		2020/2021	
	実効目標価格	農場価格	実効目標価格	農場価格
小麦	5.50	4.58	5.50	5.05
トウモロコシ	3.70	3.56	3.70	4.45
大豆	9.05	8.57	9.05	10.80

資料：USDA, WASDE, Sept. 2021.

2020/2021年度には、小麦の農場価格5.05ドルは実効目標価格5.50ドルで支えられているが、トウモロコシの農場価格4.45ドルは実効目標価格3.70ドルを上回り、大豆の農場価格10.80ドルも実効目標価格9.05ドルを上回っている。

大豆の需給は、中国の年間9,000万トンに及ぶ大量の大豆輸入によって好転していたからである（前掲表Ⅲ－4）。トウモロコシの需給も大豆の影響を受けていた。

4) 2022年度と2023年度の実効目標価格の水準

2022年度の実効目標価格は、2018年農業法の成立時＝2018年度と同じである（表Ⅲ－11）。2018～2022年度の実効目標価格は、2018年度から大きな変化はなかったのである。

これに対し、2023年度の実効目標価格は、トウモロコシが3.70ドル/ブッシエルから3.94ドルへと7％、大豆が8.40ドル/ブッシエルから9.27ドルへと10％上昇している。

2022年におけるウクライナに対するソ連の侵攻により、それらの価格が上

（表Ⅲ－11）実効目標価格（2018年度、2022年度、2023年度1)）（ドル/ブッシエル）

品目	2018年度	2022年度	2023年度
小麦	5.50（100）	5.50（100）	5.50（100）
トウモロコシ	3.70（100）	3.70（100）	3.94（107）
大豆	8.40（100）	8.40（100）	9.27（110）

注1）2023年度は、2018年農業法の規定に基づき、筆者が推定。
資料：USDA, World Agricultural Supply and Demand Estimates, Feb. 2023 に基づく。

昇したからである。

　小麦の2023年度の実効目標価格が2022年度と変わらないのは、小麦は雨量が少なくても生産できるため、その産地が全世界に広く展開しており、特定地域の生産変動を多くの他地域の生産でカバーしうるからである。

（4）環境保全政策＝保全留保計画の拡充

　2018年農業法は、環境保全政策の充実も盛り込んでいる。保全留保計画（The Conservation Reserve Program：CRP）の拡充が、それである。

1）保全留保計画：アメリカ農業における環境保全の要をなす

　保全留保計画は、1985年農業法において、土壌浸食を防止する土壌罰則、湿地の喪失を防ぐ湿地罰則（湿地保全計画）とともに導入された。

　保全留保計画と湿地罰則は、以降、今日まで、アメリカにおける環境保全政策の要として実施されてきた。両者は、環境保全に大きな効果をあげ、環境団体からも高い評価を得てきたのである。アメリカにおける環境保全政策の要をなしている。

2）保全留保計画の内容

　保全留保計画は、「著しく浸食を受けやすい土地の所有者あるいは経営者との間の契約によって、土壌や水資源の保全を図ろう」とする計画である。すなわち、

　1）政府との間で契約を結んだ土地については、その所有者あるいは経営者は、10〜15年間、その土地を耕地として用いずに、土壌保全計画（草

地、樹林地への転換など）を行う。少なくとも、その８分の１は樹林地とする。

２）その間、政府は、その土地について補償に足るリース料を支払う（86〜89年平均ではエーカーあたり年48ドル＝haあたり120ドル：約１万7,000円。

３）いったん、保全留保に入った土地については、採草や放牧も行ってはならない。

3）2018年農業法における保全留保面積の拡大

2018年農業法において、保全留保計画への参加面積は拡大されている。

2018年の参加面積は904万ha（100）であった（表Ⅲ－12）。

（表Ⅲ－12）土壌保全留保計画（CRP）への参加面積・支出額（2017、2018）

	2017	2018
参加面積（万 ha）	918 （2.55）	904 （2.51）
農地面積（万 ha）	360,100 （100）	359,800 （100）
支出額（億ドル）	18.8 （1.47）	21.3 （1.46）
農務省の総支出額（億ドル）	1,280 （100）	1,460 （100）

資料：USDC, 2017 Census of Agriculture, vol.1, pt.51, p.17
USDA, Agricultural Statistics, 2019, p.XII-18.
USDA, Budget Summary, FY 2020, p.19, FY 2019, p.18.

（表Ⅲ－13）2018年農業法における保全留保計画・面積（2018－2023）

年	面積（万 ha）	指数	指数
2018	904	100	
2019	960	106	100
2020	980	108	102
2021	1,000	111	104
2022	1,020	113	106
2023	1,030	114	113

資料：The Agricultural Improvement Act of 2018, pp.51-53.

これが、2019年960万ha（106）、2020年980万ha（108）、2021年1,000万ha（111）、2022年1,020万ha（113）、2023年1,030万ha（114）へと、5年間で14％拡大されたのである2）。

アメリカは、保全留保面積を拡大することによって、土壌保全を図り続けようとしている。

そこには、これまでの土壌保全活動の中軸であった保全留保計画を維持－拡大することによって、農業の基盤である農地＝土壌の保全・維持を図り続けていこうとするアメリカ政府・議会の固い決意を読み取ることができる。

6．コロナに伴う農場への支援：コロナ食品支援計画（CFAP）

バイデン政権は、コロナに伴う国民の収入減少に対し、全国民を対象に、コロナ食品支援計画（CFAP：Coronavirus Food Assistance Program）を実施してきた。

農業＝農場総数204万2,200に対しては、2020年4月17日に第1回の支払、9月17日に第2回の支払が行われ、合計236億ドル＝2兆5,960億円が支払われたのである3）。

1農場あたり1万1,560ドル＝127万円の支払いとなる。

1万1,560ドル＝127万円は、2018～2020年平均の家族農場の農業純現金所得3万9,900ドル（表Ⅲ－5）の29％、約3割に当たる。一定程度の助けになる額といえよう。

これによって、コロナ下のアメリカの農場＝農業は、支えられてきたのである。

7．バイデン政権と日本農業

バイデン政権が発足してから、2023年6月で約2年半となる。

この間、貿易政策・対日政策に関し、バイデン政権から未だ発言はない。

発足早々に「対日貿易赤字の削減」を声高に打ち出したトランプ政権とは大きく異なる。

バイデン政権のブリンケン国務長官は、2021年3月中旬、日本・韓国を訪問した。

　2021年4月には、日米首脳会談が、ワシントンで行なわれた。これは、バイデン政権発足後の最初の首脳会談であった。バイデン政権が、いかに極東（日本）－東南アジアを重視しているかを示すものでもあった。

　日本農業は、こうした日米関係のもとにおかれているのである。これも留意すべきことと思われる。

注1）reference priceは、直訳すれば、参照価格であるが、その実質的意味は、これまでのtarget priceと同じである。実質的な意味を重視し、目標価格とする。
注2）The Agricultural Improvement Act of 2018, pp.51-53.
注3）USDA, Coronavirus Food Assistance Program － Additional Assistance 2002, Feb. 4.

第Ⅳ章
アメリカ農業における環境保護政策

はじめに

　アメリカ農業における環境保護政策は、1985年に、1985年農業法として制定され、実行に移された。2021年に「みどり戦略」が制定された日本と比べ、その制定は36年も早い。

　ここで成立した環境保護措置は、以降、今日に至るまで、アメリカ農業における環境保護政策・保護活動の中軸に位置し続けてきた。

　ここでは、1980年代において発生したアメリカ農業における環境問題、それへの対策として導入された環境保護政策、これらを中心に検討していく。さらに、以降に追加された環境保護措置や有機農業支援政策、さらに、直近の2018年農業法における環境保全措置についても見ていくことにする（表Ⅳ－1）。

（表Ⅳ－1）アメリカ農業法における環境政策（1985－2018）

政策 （計画）	1985年 農業法	1990年 農業法	1996年 農業法	2002年 農業法	2008年 農業法	2014年 農業法	2018年 農業法
土壌罰則	○	○	○				
湿地保全	○	○	○	○	○	○	○
土壌保全留保	○	○	○	○	○	○	○
保全遵守	○	○	○				
環境の質助成計画		○	○	○	○	○	○
湿地回復保全		○	○	○	○	○	○
水質保全助成		○	○				
保全励行				○	○		○
有機農業支援						○	○

1. 環境問題発生の背景：1970年代における限界地の耕地化

1980年代のアメリカ農業において発生した環境問題＝土壌流失の大規模な発生は、70年代の輸出ブーム下における農業生産拡大のための耕地の拡張に原因があった。

（1）1970年代の輸出ブーム

70年代初頭におけるソ連の大量の穀物輸入の開始を軸にして、穀物の輸出ブームがおこった。トウモロコシの世界貿易量は、70年度の3,200万トンから80年度には2.4倍の7,800万トンに達した。小麦の世界貿易量も70年度5,500万トンから81年度には1億トンに至り、2倍に及んだのである。大豆の貿易量も、1,260万トン→2,900万トンへと2.2倍に達した。

こうしたなかで、アメリカのトウモロコシ輸出量は1970年度の1,640万トンから80年度の6,000万トンへと実に4.6倍に、アメリカ小麦輸出量は同時期に1,990万トン→4,800万トンへと2.5倍になった。いずれも世界輸出量の伸びを上回ったのである。

アメリカ農業は、ソ連の大量の穀物輸入をきっかけとする80年代の世界輸入の拡大に全面的に応えたのである。

（2）耕地面積の拡大

こうしたアメリカの輸出の増大は、耕地（収穫）面積の拡大によって支えられた（表Ⅳ-2）。

（表Ⅳ-2）1970年代：アメリカの耕地（収穫）面積（万 ha）

	1969	1978	1982
収穫面積	1億921	1億2,685	1億3,052
指数	（100）	（116）	（120）

資料：USDA, Agricultural Statistics, 1973, p.429,
USDC, 2007 Census of Agriculture,Vol.1, pt.51, p.7.

　アメリカの耕地（収穫）面積は、1969年→1982年の13年間で、1億921万ha（100）から1億3,052万ha（120）へと2,131万ha、20％拡大した（表Ⅳ－2）。

　主要な作物の内訳をみると、トウモロコシの耕地（収穫）面積は、同時期に、2,102万ha（100）から2,794万ha（133）へと692万ha：33％、小麦は1,815万ha→2,836万ha（156）へと1,021万ha：56％、大豆は1,542万ha→2,593万haに1,051万ha：68％も拡大したのである。

　小麦と大豆の収穫面積は、この13年間で、実に1,000万haを超す極めて大幅な拡大を遂げたわけである（表Ⅳ－3）。

（表Ⅳ－3）アメリカ：主要作物の耕地（収穫）面積（1969、1978、1982）（万ha）

品目	1969	1978	1982
トウモロコシ	(100) 2,102 (39)	(133) 2,802 (38)	(133) 2,794 (34)
小麦	(100) 1,815 (33)	(119) 2,161 (24)	(156) 2,836 (35)
大豆	(100) 1,542 (28)	(159) 2,454 (33)	(168) 2,593 (31)
合計	(100) 5,459 (100)	(136) 7,417 (100)	(150) 8,223 (100)

資料：表Ⅳ－1と同じ。

（3）限界地の耕地化

　このような耕地面積の拡大は、主として、農場内の限界地（牧草地や放牧地など）を耕地化することによって進められた。

　土壌流失は、こうした耕地化された限界耕地において、発生したのである。

2．1980年代における土壌流失・湿地喪失と地下水汚染問題の拡大

（1）土壌浸食－流失問題

　アメリカ農務省のレポートによれば、アメリカ全体において、1982年時点で浸食を受けやすい土地は約4,000万ha（総耕地面積の24％）に達していた

といわれる[1]。

　農産物輸出が拡大した70年代において、それまでは放牧地や採草地として利用されていた傾斜地などの限界地が大量に耕地化されたために、そこでの土壌流失－浸食問題が発生したのである。70年代における耕地拡大面積2,000万haは、当時の浸食を受けやすい耕地4,000万haの半分にあたっていた[2]。

　土壌浸食の問題は、第1には、農業資源としての表土の流失→それに伴う農業生産性の低下問題である。だが、ことは、それにとどまらない。

　流失土壌は河川に入り、沈澱することによって水質の汚染、魚や動植物の生存の困難化、航行の阻害を引き起こす。あるいは、風食による土壌の流出は、大気の汚染、健康への影響を引き起こす。80年代では、土壌流失の引き起こした"他地点への打撃"の方が、より大きな環境問題として、認識されるようになった。

（2）湿地の喪失

　アメリカにおいては、湿地は、レクリエーションの場であるとともに、野生動植物の生息地として、さらには、洪水を防ぐ湛水機能や水質を改善する機能を持つ場所としても評価されてきた。

　湿地は、19世紀中頃に比べると1980年代には22 ～ 46％減ったといわれ、1950 ～ 70年代の20年間をとれば、湿地喪失の80％以上は農地への転換によるとされた[3]。

（3）地下水汚染問題

　1980年代において拡大した地下水汚染について、アメリカ農務省のレポートは、「アメリカで推定5,000万人の人たちの飲んでいる水が農薬と化学肥料で汚染されている可能性がある。このうちおよそ1,900万人は、汚染の可能性が最も高い私設の井戸から水を得ている」[4] とした。5,000万人は、当時の人口2億4,800万人の20％、1,900万人は8％に当たる。実に、総人口の5人に一人が汚染の可能性のある水を用いていたのである。

地下水汚染の要因とされていたのが、農薬と化学肥料のなかのチッソであった。農薬投入量は、1960年代中期から80年代へと３倍近くに増え、肥料投入量も60年代中期から80年代へと５割増えていたのである5)。

　以上のように、70年代における限界地の著しい耕地化→「土壌浸食を受けやすい耕地」の拡大と「湿地の埋め立ての拡大」が、80年代前半において、まず、土壌保全と湿地保全を農業における環境の中心問題にさせたのである。
　こうした農業における環境問題の発生に対して、全面的な対応が必要とし、法案の策定を議会に働きかけたのが、アメリカの環境団体であった。

３．アメリカの環境団体

（１）概観
１）数多くの多様な団体
　アメリカには数多くの環境団体がある。表Ⅳ－４は主要な団体についての特徴を示している。
　そこからもうかがえるように、大は会員数（会員とは、年会費を納入しているメンバー）400万人、年間支出規模12.9億ドル（１ドル110円として、1,420億円）の団体から、会員数5,000人や年間収入規模16万ドル（1,760万円）の団体、あるいは、設立以来100年を超す団体から1970年代初めに生まれたものまで、さらに、その活動の力点をとっても、野生動植物の生存の維持のために保護地域の買収－維持を主とするものから、現代の環境問題に幅広く取り組んでいる団体まで、そのあり方はきわめて多様である。
２）共通点
　組織に共通する特徴点としては、環境団体のいずれもが1980年代において、飛躍的に拡大を遂げたことが挙げられる。
　例えば、NRDC（Natural Resources Defense Council：自然資源防衛協会：以下、NRDCとする）は、1980年の３万5,000人から1990年の14万人へ、NWF（National Wild Life Federation：全国野生動植物連盟：以下、NWF

（表Ⅳ−4）アメリカの主要な環境団体

団体	設立年	本部所在地	職員数（人）	会員数（人）	収入規模（万ドル）	特　徴
Sierra Club（シエラ・クラブ）	1892	サンフランシスコ		1,300,000		歴史は最も古いが、現代の問題にも取り組む
National Wildlife Federation（NWF）（全国野生動植物連合）	1936	ワシントンDC	353	4,000,000	9,100	全世界に基金提供者を持つ。会員数では、アメリカ最大の環境団体。4,000人のボランティアが動く。
NRDC（Natural Resources Defense Council）（自然資源防衛協会）	1979	ニューヨーク	700	NA1)	2億1,312	リンゴへの発ガン性農薬（アラー）のレポートで有名に。
Conservation Foundation（保全財団）	1948	ワシントンDC	26	5,000		リサーチが主。ロビングは行わない。
The Nature Conservancy（自然保全会）	1951	アーリントン	4,700	1,000,000	12億9,000	財政規模では最大の環境団体。グーグル、HPなどの大企業との結びつきを持つ3)。
National Auduborn Society（全国オーデュボーン協会）	1906	ニューヨーク		NA2)	16	Auduborn は、鳥の絵をテーマにした画家。農業における環境保護政策立案に向けて最も早くから活動3)。

注1）1993年14万人。
注2）1993年50万人。
注3）ウィキペディアによる。
資料：各団体のWEBホーム・ページによる。

とする）の関連団体であるWWF（World Wildlife Federation：世界の野生動植物の保全を目指す基金拠出者のための組織）の会員数は、1983年の9万4,000人から89年の66万7,000人へと目ざましい拡大をとげた。

これは、1980年代にいて、環境保護への関心がアメリカ国民の間において高まり、それが大きなうねりとなったこと、ことに、レーガン政権下において、民活思想の基に公有地の民間利用が促され、公有地における環境保護が顧みられなくなったことへの疑問や警戒感が、環境団体の存在をクローズ・アップさせたこと、によっている。

ほとんどの環境団体がワシントンDCに事務所を置き、議会や政府への働きかけ（ロビーイング活動）を行っている。

3）2つのタイプ

1つは、すでに戦前に、国立公園内の自然保全や野生動植物の生息地域の保全のための民間ボランタリー組織として生まれ、1970年代以降、大気汚染をはじめとする現代の環境問題への取り組みに着手したもの。

もうひとつは、現代の環境問題に対処しようとして、1970年代以降に生まれたもの。

前者の例として、シエラ・クラブ、NWF、後者の代表としてNRDCをとりあげて、その特徴をみていくことにしよう。

（2）主な環境団体

1）シエラ・クラブ（Sierra Club）

シエラ・クラブのシエラとは、カリフォルニア州のシエラ・ネバタ山脈のシエラのことである。シエラ・クラブは、1892年、シエラ・ネバタ山脈の自然の保全・紹介・エンジョイを目的とする団体として生まれた。アメリカで最も歴史の古い環境団体である。

1970年の全国環境政策法（National Environmental Policy Act）の制定と環境保護庁の設立において、中心的役割を果たす。それを通して、会員数も1950年の1万人から70年には10万人に達した。2021年9月時点の会員数は

130万人。

　1972年の水質汚染防止法（Water Pollution Control Act）、76年の有機法（Organic Act：内務省の管理する公有地１億8,400万haについての保護を改善するためのもの）、77年の大気清浄法（Clean Air Act）などの成立を押し進める中心団体の１になった。

　そして、85年には、全国オーデュボーン協会（前掲表Ⅳ－１）と共に、1985年農業法のなかに、環境措置の導入を推し進める中心団体として活動したのである。

２）NWF（全国野生動植物連合）

　1936年、野生動植物の維持を目標として発足。現在は、アメリカだけではなく、熱帯雨林の保全、アフリカ象の保護など世界全体で野生動植物の維持・保全を活動対象にしている。その会員数は400万人（2021年９月）、年収入規模は9,100万ドル（100億円）。年収入額では、アメリカ最大の環境団体である。

　NWFは、90年農業法の形成において、環境団体と農業団体との間の妥協を図る触媒者の役割を演じた。

３）NRDC（自然資源防衛協会）

　NRDCは、1970年に、現在の環境問題に関わることを課題として発足した。

　70年に成立した全国環境政策法に関心を持つ弁護士のグループと、環境保護のための活動を行っていた大学生のグループが結びついて１つとなり、それがフォード財団の援助の下に、当初10人のスタッフでNRDCとしての活動を始めたのである。1980年に会員は３万5,000人に。

　NRDCは、レーガン政権の公有地放任政策に対する大衆の反発を基礎に急拡大し（1986年に９万5,000人に）、さらに、発がん性農薬のリンゴへの散布問題についてのレポート（1988年）で全国的に著名となった。

　アメリカの環境団体は、「農民が、公金としての補助金を受ける以上、環境保護という社会全体の要請に応えるべき」とする態度を持っているが、とくに、NRDCにおいて、その態度が鮮明であった。

　以上が、環境団体のプロフィールである。

　1980年代にアメリカ農業における環境汚染問題が発生したことに対し、それへの政策的対応を議会に促したのは、こうした環境団体であった。

4．1985年農業法による対応：土壌罰則・湿地保全・保全留保計画を導入

（1）アメリカの農業法：全政策を網羅

　アメリカの農業法は、農務省の所管する農業と食料に関するすべての政策を1つの法案のなかに一括したパッケージ法案となっている。

　例えば、低所得層への食料補助（Food Stamp）も、農業法のなかに入っている。それが、農務省の所管だからである。

（2）土壌罰則（Sodbuster）

　土壌保全のために、土壌罰則と土壌保全留保計画（Conservation Reserve Program：CRP）の二つが導入された（表Ⅳ-5）。

　土壌罰則とは、一種のペナルティ制度である。

　「あたらしく耕地とした土地のなかで "著しく浸食を受けやすい土地（Highly Erodible Land）において、その土地に適合した土壌保全農法を用いずに農産物を作る者は、アメリカ農務省からのプログラム利益（不足払い・価格支持など）などを受けられない」とされた。

　目標価格を基準とした不足払いや価格支持は、アメリカの総ての穀物に設定されている。したがって、1980年代の過剰基調のもとで、農民が不足払いや価格支持に伴う受益権を失うことは、自殺行為を意味する。したがって、「著しく浸食を受けやすい土地」における土壌保全農法の実施は、文字通りの義務ではないにせよ、事実上は義務に等しいものになったといえる。

（3）湿地保全（Swamp-buster）

　湿地保全のために、土壌罰則と同様のペナルティを設定したのが、湿地罰則である。

（表Ⅳ－5）1985年農業法における環境保護措置

措置	内容
土壌罰則 （Sodbuster）	新たに耕地になった"著しく浸食を受けやすい土地"において、その土地に適応した土壌保全農法を用いずに、農産物を作る者は、アメリカ農務省からの「プログラム利益（不足払い、価格支持）を得ることが禁ぜられる。
湿地保全 （Swampbuster）	1985年12月20日以降、湿地を耕地に転用した者（湿地を排水し、かつ、そこに作物を植えた者）は、アメリカ農務省のプログラム利益をえられない。
土壌保全留保計画 （The Conservation Reserve Program）	"著しく浸食を受けやすい土地"の、保全と改善を図ろうとするもの。 (1) 政府との間で契約を結んだ土地については、その所有者ないし経営者は、地域の保全地区の認可の下で、10-15年間、土壌保全計画の基に置く（草地、樹林地とする）。少なくとも、8分の1は、樹林地とする。 (2) 政府は、その土地について、補償に足りるリース料を払う（1986-89：エーカー約50ドル）。 (3) 一旦、保全に入った土地については、採草や放牧を行ってはならない。 (4) 1990年末に、4,000万-4,500万エーカー（1,600万-1,800万ha）を目標とする。
保全遵守 （Conservation Compliance）	(1) （価格・所得支持）計画の参加者で、経営耕地のなかに、"著しく浸食をうけやすい土地"を持っている者は、1990年までに、各自の農場における土壌保全計画を作成する。 (2) 1995年までに、それを実行する。

注1）1 ha あたり 1 万 7,500 円（1 ドル＝140 円）。
注2）2018 年時点での契約面積は、2,261 万エーカー（904 万 ha）。
資料：服部信司『先進国の環境問題と農業』1993 年 2 月、富民協会／毎日新聞社 49 頁。

　「1985年12月20日以降、湿地を耕地に転用した者（湿地を排水し、かつ、そこに作付をした者）は、アメリカ農務省のプログラム利益が得られない」（表Ⅳ－5）とされた。

（4）保全留保計画（The Conservation Reserve Program）

　これは、「著しく浸食を受けやすい土地の所有者あるいは経営者との間の

契約によって、土壌や水資源の保全を図ろう」とする計画である。

1）政府との間で契約を結んだ土地については、その所有者あるいは経営者は、10〜15年間、その土地を耕地として用いずに、土壌保全計画（草地、樹林地への転換など）を行う。少なくとも、その8分の1は樹林地とする。

2）その間、政府は、その土地について補償に足るリース料を支払う（86〜89年平均ではエーカーあたり年48ドル＝haあたり120ドル：約1万7,000円。

3）いったん、保全留保に入った土地については、採草や放牧も行ってはならない。

4）1990年末までに、4,000〜4,500万エーカー（1,600〜1,800万ha）を目標とする、というものであった。

　以上の1985年農業法における土壌罰則・湿地保全・保全留保計画は、大きな効果をあげ、環境団体から高い評価を得た。

　表Ⅳ-1に見るように、保全留保計画と湿地保全計画は、今日まで、途切れることなく、一貫して行なわれ、アメリカ農業における環境保全政策の中軸をなしてきたのである（表Ⅳ-6）。

（表Ⅳ-6）環境の質・助成計画（1990年農業法）

・畜産の環境対策への支援。 ・家畜糞尿貯蔵庫の設置コストの75％までを補助。 ・これまでの助成額は、1農場について総額5万ドル（600万円）、年1万ドル（120万円）までに制限。 ・これを、1農場・総額45万ドル（5,400万円）、年7万5,000ドル（900万円）にひきあげるため。 　　ただし、支援対象農場は、年収入額250万ドル（30億2,500万円）までとする。 ・アメリカの畜産農場（特に肉牛肥育農場）は規模が大きいから、その環境対策も大きい。

5. 有機農業支援

(1) 背景：有機農業の発展・成長

アメリカにおける有機農業は、

(1) 化学的に合成されたいかなる肥料、農薬、成長促進材も用いない。

(2) 化学肥料の使用中止から有機農産物の販売まで、3年間の期間を置く（化学肥料の使用をやめてから、3年間経過しなければ、有機農産物として販売できない）。

すなわち、アメリカの有機農業とは "完全有機農業" である。

また、有機農産物を生産・販売するには、認証団体による有機農場としての検定・認証を得る必要がある。検定・認証は、毎年更新されなければならない。

こうした有機農業は、1990年代以降、毎年2桁の成長を続け、2012年には、1万4,326農場、有機販売額31.2億ドル（3,432億円、農産物総販売額の0.7%）、1農場平均販売額21万7,800ドル（2,396万円）に達した（表Ⅳ-7）。

（表Ⅳ-7）アメリカの有機農場：農場数・販売額・1農場平均販売額（2012、2017）

	2012	2017
有機農場数	14,326（100）	18,166（126）
有機販売額（億ドル）	31.2（100）	72.7（233）
（億円）	（3,432）	（7,997）
1農場平均販売額	217.8（100）	400.2（184）
（1,000ドル）（万円1)）	（2,396）	（4,402）

注1）1ドル＝110円。
資料：USDC, 2017 Census of Agriculture, Vol.1, pt.51, p.61.

さらに、2017年には、有機農場数1万8,166、同販売額は72.7億ドル（7,997億円）、1農場平均販売額40万200ドル（4,402万円）に増大したのである。

2012年から2017年へのわずか5年間で、アメリカの有機農場数は1.3倍に、

同販売額は2.3倍に、1農場あたりの販売額は1.8倍に急増した。アメリカの有機農業は、成長産業として発展してきたのである。

アメリカの西部－カリフォルニアは、年間の降雨量が少なく、乾燥気候である。有機農業の適地といっていい。2017年の有機農業の農産物販売額シエアは1.7％であるが、今後、さらに拡大する可能性が高いとみられる（表Ⅳ－8）。

（表Ⅳ－8）アメリカにおける有機農業のシエア（2012、2017）（億ドル、％）

	2012	2017
有機農産物販売額	31.2 （0.7）	72.7 （1.7）
農産物総販売額	4,204 （100）	4,295 （100）

資料：表Ⅳ－6と同じ。

（2）2018年農業法における保全留保面積の拡大

2018年農業法において、保全留保計画への参加面積は拡大されている。2018年の参加面積は904万ha（100）であった（表Ⅳ－9）。

（表Ⅳ－9）2018年農業法における保全留保計画・面積（2019－2023）

年	面積 （万 ha）	指数	指数
2018	904	100	
2019	960	106	100
2020	980	108	102
2021	1,000	111	104
2022	1,020	113	106
2023	1,030	114	107

資料：The Agricultural Improvement Act of 2018, pp.51-53.

これが、2019年960万ha（106）、2020年980万ha（108）、2021年1,000万ha（111）、2022年1,020万ha、（113）、2023年1,030万ha（114）へと、5年間で14％拡大されたのである。

アメリカは、保全留保面積を拡大することによって、土壌保全を図り続け

（表Ⅳ－10）土壌保全留保計画（CRP）への参加面積・支出額（2017、2018）

年度	2017	2018
参加面積（万 ha）	918 （2.55）	904 （2.51）
農地面積（万 ha）	360,100 （100）	359,800 （100）
支出額（億ドル）	18.8 （1.47）	21.3 （1.46）
農務省の総支出額（億ドル）	1,280 （100）	1,460 （100）

資料：USDC, 2017 Census of Agriculture, vol.1, pt.51, p.17
　　　USDA, Agricultural Statistics, 2019, p .Ⅻ–18、
　　　Budget Summary, FY 2020, p.19, FY 2019, p.18.

ようとしている。

　そこには、これまでの土壌保全活動の中軸であった保全留保計画を維持－拡大することによって、農業の基盤である農地＝土壌の保全・維持を図り続けていこうとするアメリカ政府・議会の固い決意を読み取ることができる。

　なお、保全留保計画への財政支出額は、2017年度18.8億ドル、2018年度21.3億ドルで、農務省の総支出額の1.47％、1.46％にあたっている（表Ⅳ－10）

注1）C.E. Young and T. Osborn, The Conservation Program, USDA, Agricultural Economic Report No.626, 1990, p.3
注2）USDA, The Magnitude and Cost of Groundwater Contamination from Agricultural Chemicals, 1987. p.v
注3）K. Reichelderfer and T. Phipps, Agricultural Policy & Environmental Quality.
注4）服部信司『先進国の環境問題と農業』富民協会／毎日新聞社、1993年、39頁
注5）服部信司『前掲書』46頁

第Ⅴ章
日本とアメリカの農業環境政策

1．　アメリカの農業環境保護政策は、2023年から38年前の1985年に始まった。

　　2021年３月に農林水産省が策定した日本の農業環境保護政策＝『みどりの食料戦略システム（以下、「みどり戦略」）は、これから30年後の目標を設定し、そこに向けて進んでいこうとすることを基本的内容としている。

　　両者は基本的に異なる。本来は、比較の対象になし得ないものであろう。

2．　アメリカ農業における環境保全活動は、農業における環境保全活動の必要に直面し、それへの対応として始まった。その策定の中心となったのは、環境団体であった。

　　日本の「みどり戦略」は、日本農業における環境問題の発生に直面して、それへの対応として始められたものではない。

　　EUの政策（Farm to Folk：「農場から皆さんのところへ」2011年12月。有機農業の農地を、2018年の農地全体の８％から2030年に25％にする）を追う形で、日本のみどり戦略は、30年後の目標＝有機面積100万ha（日本の耕地面施440万haの22.7％）を設定している。

　　だが、これは描かれた絵である。「みどり戦略」は日本の現実問題への対処から生まれたものではない。

　　日本は、まだ、30年後の絵を描いている段階に過ぎない、ともいえる。

3．　日本の農地の中心である田は、環境への負荷は小さい。このことが、日本の環境保護政策を、"30年後を目標とする"という悠長なものにさ

せているとも考えられる。

4.　　日本のみどり戦略は、「30年後＝2050年に有機農業面積100万haにする」目標を掲げている。

　　だが、100万haが、何を根拠にしているか、は不明である。

　　有機農業とは、完全無農薬・完全無化学肥料（完全有機肥料）のことである。夏、高温・多湿の日本では、有機農業は極めて難しい。

　　日本農業全体では、完全無農薬・完全無化学肥料は、現実的な課題にならない。

　　"減農薬・減化学肥料" が課題になる。これが、明確にされる必要があろう。

第Ⅵ章
コロナ下のアメリカとアメリカ農業

1. 2020年コロナ下のアメリカ

(1) アメリカ：コロナ感染者数が世界一

　2020年11月27日時点での、アメリカのコロナ感染者数は1,320万人、死亡者数は26.5万人（表Ⅵ-1）。いずれも世界一であった。

（表Ⅵ-1）世界主要国のコロナ感染者数（2020、11/27）　　　（万人、％）

国	感染者数		死亡者数	
アメリカ	1,320	(21.4)	26.5	(18.4)
	(100)		(2.0)	
インド	935	(15.2)	13.6	(9.4)
	(100)		(1.5)	
ブラジル	624	(10.1)	17.2	(11.9)
	(100)		(2.8)	
ロシア	219.7	(3.6)	3.8	(2.6)
	(100)		(1.7)	
フランス	219.5	(3.6)	5.2	(3.6)
	(100)		(2.4)	
全世界	6,165	(100)	144	(100)
	(100)		(2.6)	

　資料：ウイチペデイア。
－

　世界全体の感染者数は6,165万人、アメリカは、実にその21.4％を占めた。

　第2位はインドで935万人（世界全体の15.2％）、第3位ブラジル624万人（10.1％）、第4位ロシア219万7,000人（3.6％）、第5位フランス219万5,000人（3.6％）となっていた。

　2位インド、3位ブラジルが、いずれも途上国であるなかで、先進国の中で、先頭を行くとみられているアメリカが、コロナ感染者数第1位に位置していたのである。

（2）アメリカの州別コロナ感染者数

　アメリカの州別のコロナ感染者数を見ると、同じ2020年11月27日時点で、第1位テキサス州（主要都市：ダラス、オースチン）123万人、第2位カリフォルニア州（同、サンフランシスコ、ロサンゼルス）119万人、第3位フロリダ州（タンパ）97.9万人、第4位イリノイ州（シカゴ）70.6万人、第5位ニューヨーク州（ニューヨーク）63.3万人である（表Ⅵ－2）。大都市を有する州が、感染者数トップ5州を占めていた。

（表Ⅵ－2）アメリカ主要州：コロナ感染者数・死亡者数（2020, 11/27）（万人、%）

州	主要都市	コロナ感染者数	死亡者数
テキサス	ダラス、オースチン	123　　（9.3） （100）	2.2　　（8.3） （1.8）
カリフォルニア	サンフランシスコ、ロスアンジェルス	119　　（9.0） （100）	1.9　　（7.2） （1.6）
フロリダ	タンパ	97.9　（7.4） （100）	1.8　　（6.8） （1.8）
イリノイ	シカゴ	70.6　（5.4） （100）	1.1　　（4.2） （1.6）
ニューヨーク	ニューヨーク	63.3　（4.8） （100）	3.4　（12.8） （5.4）
アメリカ全国		1,320　（100） （100）	26.5　（100） （2.0）

　　資料：ウイチペデイア、原拠：ニューヨーク・タイムズ。

　コロナ・ウイルスは、人の吐く息から他の人に感染していくから、コロナウイルス感染者は、人口が多く、人同士の接触が多い大都市において大規模に発生してきたのである。

2．何故、アメリカはコロナ感染者数・世界一なのか

（1）トランプ政権のコロナ軽視－無視
　　－マスク着用・社会的距離を促さず－
　その第一の理由は、トランプ政権のコロナ対応の姿勢にあった。

　トランプ政権は、長い間、コロナを無視ないし軽視してきた。その間、「マスクの着用」、「手洗い」や「社会的距離を取ること」を促すことをしなった。コロナには特効薬や予防薬がないというなかで、誰にでも簡単にできる「マスクの着用」や「手洗い」を政権担当者が国民に求めることは、最も基本的でかつ必要なコロナ対処策であった。日本ではこれが行われ、コロナによる被害は最低水準に抑えられてきた。アメリカでは、これが、かなりの間、行われてこなかったのである。

（2）病院が身近ではない

　政権のコロナに対する姿勢とともに、もう1つ重要なアメリカにおけるコロ拡大の背景がある。それは、"アメリカの大衆にとって、病院が身近ではない"という事情である。

　日本のように、体に発熱やだるさなど何かおかしいことがあれば、すぐに、かかりつけの医者に行き診てもらう、というのではない。おかしなことが「何か」ではなく、決定的になって初めて医者にかかる、というのがアメリカ大衆の一般的な医者・病院との関係だとみられる。

　こうした「病院が身近ではない」という状況の背景には、次の3つの要因がある、と考えられる。

1）高い医療費

　アメリカの国民1人当たりの年間の医療費（2014年）は9,402ドル（表Ⅵ－3）。2014年が利用し得る最も近い時点のデータある。1ドル＝110円で日本円に換算して、103万円となる。日本は34万円。これは2019年の最新の

（表Ⅵ－3）1人あたり年間の医療費：アメリカと日本

	ドル	万円 （1ドル＝110円）	
アメリカ　　（2014）	9,402	103	（3）
日本　　　　（2019）		34	（1）

資料：ウイチペデイア、厚生労働省。

データである。

　これを比較すれば、アメリカの医療費は日本の３倍である。極めて高い。

2）国民皆保険にあらず

　その最大の理由は、アメリカには、日本のような政府が所管する国民皆保険制度がないことである。

　そこで、アメリカにおける健康保険の状況：保険タイプ別の健康保険カバー率（2018年）を見てみよう（表Ⅵ－４）。

（表Ⅵ－４）アメリカ：保険タイプ別の健康保険カバー率（2018 年）　　　　（％）

保険タイプ	カバー率（％）
雇用関係に基づく保険	55.1
公的保険：メデイケア（連邦政府が所管する高齢者と障碍者向けの公的医療制度）	17.8
公的保険：メデイケイド（連邦政府と州政府が共同で行っている医療扶助事業）	17.9
民間保険	14.4
無保険	8.5
合計	113.7 [1]

注１）個人保険と多種の団体健保の重複のため、合計は 113.7％であり、100％にならない。

資料：USGP, Economic Report of the President, Feb. 2020, P.174.
－

　企業や団体などが所管し行う「雇用関係に基づく保険」が、全体の55.1％をカバーしている。

　公的保険には、（1）連邦政府が所管する高齢者と障碍者向けの公的医療制度（メデイケア）と（2）連邦政府と州政府が共同で行う医療扶助事業（メデイケイド）の二つがある。

　メデイケアは17.8％、メデイケイドは17.9％をカバーしている。合計すれば、全体の約37％をカバーしていることになる。

その他の民間保険が14.4％をカバーする。

3）3,000万人の無保険者が存在

他方、無保険者が8.5％存在する。約3,000万人の無保険者が、これに該当するわけである。

3,000万人といえば、アメリカの総人口（３億2,820万人）の9.1％に当たる。アメリカの総人口の）９％＝約１割が無保険者である。その数は、小さいものではないといえよう。

こうしたことを背景にして、2020年11月のアメリカ大統領選挙が行われ、バイデン候補が勝利したのである。

3．コロナ下のアメリカ農業・農場

こうしたなかで、アメリカ農業＝アメリカの農場は、どのような状況におかれていたのだろうか。

アメリカにおいて、農場＝農業生産者は、最もコロナにかかりにくい立場にあったとみられる。

アメリカの農業生産者は、日本のように村に住み、そこから田や畑に行くというのではない。広大な農場（平均400エーカー：160ha）のなかに居宅を構え、そこで生活し、そこから、車やトラクターなどで、農場作業に出ていくのである。多くの人と接触する機会は少ない。アメリカの農民にとって、コロナに罹患する機会は、都市住民に比べ、著しく小さいと言っていい。この意味で、農業生産者は、恵まれた立場に置かれていたのである。

第Ⅶ章
2020年コロナ下のアメリカ大統領選挙
―バイデン勝利とその背景―

1．アメリカ大統領選挙の仕組み

　アメリカの大統領選挙においては、各州に割り当てられた選挙人を、その州において最も多い得票を得た候補者が総取りする。

　各州の選挙人は、その州の下院議員数＋上院議員数である。下院議員数は、州の人口に対応する。州の人口が多ければ、その州の下院議員も多くなる。上院議員は、州の人口に関係なく、各州２人である。

　例えば、州の人口が最も多いカリフォルニア州の場合、下院議員数55プラス上院議員数２、合計57人の選挙人数となる。

　アメリカの大統領選は、この選挙人の獲得選なのである。

　この選挙人の総数は538。従って、その半分以上の270人（票）を得れば、勝利を収めることになる。

2．バイデン候補：激戦を制す

　バイデン候補が2020年11月３日のアメリカ大統領選に勝利したわけであるが、その内容を確認しておこう。まず、投票率についてである。

（1）史上最高の投票率 66.7％

　投票率は66.7％。投票者数１億5,980万人。2008年オバマ大統領誕生時の投票率65％を上回る史上最高の投票率であった。

　今回の選挙から、18歳と19歳の若者に投票権が与えられたこと、激しい選挙戦を前提に、共和・民主の両党が、ともに、未だ選挙人登録をしていない多くの人々の選挙人登録を進めたこと、の結果である。

　アメリカでは、日本とは異なり、年齢が18歳以上になったからといって、

自動的に選挙権が与えられるわけではない。本人が選挙人登録をして初めて、選挙権が得られるのである。

（2）得票差は600万票、得票率の差は約4％ポイント

得票数は、バイデン7,985万票（51.1％）に対し、トランプ7,380万票（47.2％）（表Ⅶ-1）。

（表Ⅶ-1）アメリカ大統領選の結果

候補者	選挙人獲得数 （人）	得票数 （万票）	得票率 （％）
バイデン（民主党）	306（56.9）	7,985	51.1
トランプ（共和党）	232（43.1）	7,380	47.2

得票率は、バイデン51.1％、トランプ47.2％。

得票差は600万票、得票率の差は4％ポイントであり、激戦であった。

バイデン氏は、激戦を勝ち切ったのである。

（3）獲得選挙人数

獲得選挙人はバイデン氏306人、トランプ氏232人であった（前掲・表Ⅶ-1）。

バイデン氏、トランプ氏以外にも、候補者はいるが、その獲得票数はごく少数なので、公表される獲得選挙人数の中には、示されていない。得票数についても、同じである。

（4）現職大統領の落選は28年前のカーター大統領以来

アメリカの大統領は、2期8年まで務めることができる。1期目の大統領にとっては、再選が重要な課題となる。いうまでもなく、2期目の大統領選において、現職大統領は、その知名度の高さから言って、有利である。

1980年代初めのロナルド・レーガン大統領からオバマ前大統領まで、この40年間に5人の大統領が登場した。41代ブッシュ大統領だけが在任期間4年

（表Ⅶ－2）　　1980年代以降のアメリカ歴代大統領

代	氏名	政党	期	副大統領	在任期間	在任年数
40	ロナルド・レーガン	共和党	49	ジョージ・H.W. ブッシュ	1981.1/20 －1985.1/20	8年
			50	〃	1985.1/20 －1989.1/20	
41	ジョージ・H.W. ブッシュ	共和党	51	ダン・クエール	1989.1/20 －1993.1/20	4年
42	ビル・クリントン	民主党	52	アル・ゴア	1993.1/20 －1997.1/20	8年
			53	〃	1997.1/20 －2001.1/20	
43	ジョージ・W. ブッシュ	共和党	54	ディック・チェイニー	2001.1/20 －2005./20	8年
			55	〃	2005.1/20 －2009.1/20	
44	バラク・オバマ	民主党	56	ジョー・バイデン	2009.1/20 －2013.1/20	8年
			57	〃	2013.1/20 －2017.1/20	
45	ドナルド・トランプ	共和党	58	マイク・ペンス	2017.1/20 －現職	4年

―

だった。他の4人は、すべて大統領を2期務め、その在任期間8年であった
（表Ⅶ－2）。

　そうしたなかで、トランプ大統領の落選は、28年前のカーター大統領以来
の現職落選となったわけである。

3．今次選挙戦・最大の争点：トランプ政権のコロナウイルス対策

（1）アメリカ：世界1位のコロナウイルス感染者数

　アメリカのコロナ感染者は投票2日前の11月1日に920万人に、死者は23
万人（いづれも世界一）に達し、その後も増え続け、11月27日には感染者数
が1,320万人、死者も26.5万人に及んだ。いずれも世界一位であった。

　こうした事態の背景には、(1)アメリカには、国民皆保険制度がなく、

（表Ⅶ-3）アメリカ大統領選における有権者の判断　　　　　　　　（％）

質問			回答1)	
			バイデン支持	トランプ支持
自身の性認識	男性	47	46	52
	女性	53	55	44
学歴	非大学卒	61	49	51
	大卒	39	57	41
人種など	白人	74	43	55
	黒人	11	90	8
	ヒスパニック	9	63	35
	その他	6	58	39
居住地	都市部	20	65	33
	郊外	45	54	44
	地方	35	38	60
2016年の投票先	クリントン	38	96	3
	トランプ	41	6	93
	他の候補者	6	57	28
	投票せず	11	56	41
アメリカが直面している最大の問題	コロナの感染	41	73	25
	経済と雇用	28	16	81
	医療制度改革	9	65	32
	人種差別	7	70	19
	法執行機関・警察	4	17	81
	気候変動	4	86	11
	移民	3	12	87

注1）民主党・共和党以外の候補者がいるため、合計しても100にならない。
資料：朝日新聞、「AP通信の大統領選挙・有権者調査」2020年11月15日から。
　　　-

3,000万人近い無保険者がいる、（2）医療費が高く、気軽に医者にかかりにくいという事情がある。

　そのうえで、トランプ政権がコロナウイルスを軽視・無視したことが、感染者が激増した最大要因であった。

　AP通信の「大統領選挙・有権者調査」によれば、〔アメリカが直面している最大の問題〕に関して、「コロナの感染」をあげた有権者は41％で最も多く、その人達の73％がバイデン氏を支持していたのである（表Ⅶ-3）。

他方、トランプ支持者の多い「経済と雇用」をあげた有権者は、28％に留まった。

（2）トランプとバイデンの選挙活動

　トランプは、選挙戦も、多くの聴衆を大規模な集会場に集め、3密（密集、密接、密閉）に近い状態のなかで選挙活動・選挙戦を行った。

　これに対し、バイデンは、聴衆を集めることは避けて、ごく少数の人々を相手に抱負を語り、それをオンラインで国民に届けた。

　そして、当選すると、バイデンは、次期大統領として、11月10日、全国民にマスクの装着を呼びかけたのである。

（3）トランプ：2016年の大統領選と同じ「アメリカ第一主義」を掲げる

　トランプの「アメリカ第一主義」とは、具体的には、「国際協調」からの脱却であり、まずは、WHO（世界保健機構）などの国際機関への拠出金を払わないことであった。トランプは、それを実行したのである。

4．前回2016年選挙との比較：ラストベルト3州をめぐる攻防

　ラストベルト（さびれた工業地帯）とは、アメリカの東北部－5大湖沿岸のオハイオ、ミシガン、ペンシルヴェニアの3州を指す。

　この3州は、自動車・鉄鋼業地帯であるが、1980年代以降、日本やEUからの自動車輸出などでそれらの産業が停滞し、さびれた工業地帯（ラストベルト）に転じた。

　前回（2016年）の大統領選挙における民主党のヒラリー・クリントン候補は、女性で高学歴ということで、ラストベルトの労働者層にとって、彼らから、ほど遠い存在であった。

　そのため、2016年の選挙において、伝統的に民主党の地盤であったラストベルトの労働者票がトランプに流れた。

　民主党ヒラリー・クリントンは、もともとは民主党の地盤であったラスト

ベルト３州を失い、アメリカ全体の総得票数ではトランプを上回りながら、
選挙人の数でトランプに敗れたのである。

　今回、バイデン候補は、ラストベルト３州のうち、ミシガン、ウイスコン
シンの２州を取り戻し、大統領選の勝利に結びつけたのである。

5．バイデン氏の政策

（１）コロナ対策の徹底

　バイデン氏は、次期大統領に決定後、11月４日、「マスクの着用」と「社
会的距離をとること」を全国民に呼びかけ、「コロナ制御を最優先する」と
した（表Ⅶ－４）。

　さらに、11月９日、コロナの収束に向けて、13人の専門家チームを指名し、
チームにコロナ収束に向けての行動計画の作成を指示したのである。

（表Ⅶ－４）予想されたバイデン政権の主な政策（2020 年 11 月 11 日）

項目	政策内容
新型コロナ	大統領就任初日から、制御を最優先する。 全米でマスク着用を義務化。「コロナを制御するまで、経済は立てなおせない」。
雇用	製造業支援に 7,000 億ドル（77 兆円）を投資し、「5,000 万人の雇用を創出する」と主張。
税制	低所得者層に減税する。他方、高得者層・大企業には増税する。
環境	環境・インフラ部門に４年間で過去最大規模の２兆ドル（220 兆円）を投資。パリ協定（「2020 年以降の温室効果ガス排出削減等のための新たな国際的枠組み」）への復帰を宣言。石油業界にとっては逆風となる。
通商	環太平洋連携協定（TPP）などの新規貿易協定には慎重。トランプ大統領が中国製品に課した制裁関税について見直しもあり得る。
人種	教育や就業機会の平等化。警察改革の推進。
情報技術	民主党内の左派が主張する巨大企業の分割論までは踏み込まない

資料：日本経済新聞、2020 年 11 月 11 日。

（2）環境・インフラ部門に4年間で2兆ドル（220兆円）を投資

　環境・インフラ部門に4年間で過去最大規模の2兆ドル（220兆円）を投資するとする。

　そして、トランプ政権が脱退したパリ協定（「2020年以降の温室効果ガス排出削減等のための新たな国際的枠組み」）に復帰すると宣言した。

（3）所得再分配＝低所得者への減税、高所得者への増税

　バイデン政権は、国内政策の基本に、所得再分配を置き、低所得層への減税と高所得者・大企業への増税を行うとみられていた。すでに、バイデン次期大統領は、最低賃金のアップ、法人税の引き上げを表明したのである。

（4）製造業への7,000億ドルの投資

　製造業に7,000億ドル（77兆円）を投資し、5,000万人の雇用を創出するとした。

　ラストベルトの再建・復活もその中に含まれるのであろう。

（5）医療保険改革（オバマケア）の維持・拡充へ

　また、バイデン氏は、11月10日、低所得層に保険加入を促す「医療保険制度改革法」（オバマケア）を維持し拡充することを目指すと表明した。

　同法の弱体化を進めた現トランプ政権から転換し、オバマケアを推し進めたオバマ路線に回帰する、としたのである。

　ところで、国民皆保険制度がないアメリカにおいて、オバマケアは、個人に保険加入を義務付ける一方で、低所得層に補助金を出して、保険に入りやすくしたとされる。また、医療保険会社には、持病を持つ人の保険加入を拒否することを禁じたのである。

　その結果、同法が成立した2010年に15％強であった無保険者の割合は、現トランプ政権が発足する前の2016年には、9％弱まで低下していたと言われる。

　しかし、それでも、アメリカには、なお人口の９％強に当たる3,000万人近い無保険者が存在する。

　バイデン氏は、所得制限を緩めて保険料の補助金を受けられる人を増やしたり、公的保険を選びやすくしたりして、3,000万人近い無保険者をさらに減らしたいと考えているとされる。

　アメリカのカイザー・ファミリー財団の2020年10月の世論調査によると、オバマケアに賛成の意見を持つ有権者は65％であり、反対の39％を大幅に上回った。新型コロナウイルスの流行で、アメリカの医療制度の欠点が改めて浮き彫りになったわけである。

　アメリカの国内総生産（GDP）に占める医療費は18％に達しており、経済開発協力機構（OECD）加盟国の平均の２倍に及ぶ。

　他方で、アメリカにおけるコロナ重症化の因子とされる肥満の比率は71％であり、OECD平均を10ポイント以上も上回る。アメリカの健康水準は低いといわざるをえない。国民の関心の高いヘルスケアは、次期政権の命運を握るテーマになるとみられている。

　オバマケアの維持・拡大が、バイデン新政権の国内政策の要とみられたゆえんである。

6．トランプの「アメリカ第一」から、バイデンの「国際協調へ」

　トランプ政権は、「アメリカ第一」を掲げ、国際協定〔国連気候変動枠組条約（パリ協定）、イラン核合意〕や国際機関〔世界保健機構（WHO）〕から脱退した。

　これに対し、バイデン政権は、国際協調のもとに、それらの国際協定や国際機関へ復帰する意向とされる。歓迎される政策転換である。

第Ⅷ章
基本計画（日）と農業法（米）
―日米農政比較と日本の課題―

　日本農業の「基本計画」は、どうあるべきか。アメリカの農業法との比較を通して考えてみよう。

　アメリカの農業法は、5年ごとに議会で決定される。そこに、政府（農務省）からの関与はない。立法（農業法の制定）は議会、政府はその執行というように、両者の役割は分離・分担されている。

　日本の基本計画は、議会ではなく、農水省が策定する。その期間は5年であり、5年間の政策の在り方の方向がその内容である。それは、以降5年間の政策に大きな影響を与えるとはいえ、なお、政府＝農水省の意向（策定）に留まる。

　まず、日本とアメリカの農政の内容を比較検討し、それを踏まえて、日本の農政の特徴と基本計画の課題を考えていきたい。

1．所得補償（保障）の基準：生産費（アメリカ）と市場価格の平均（日本）

（1）アメリカ：生産費に基づく目標価格に固定

　アメリカにおいては、すべての穀作物について、1960年代中期以降、不足払いが行われてきた。1973年農業法において、不足払いの基準は生産費に基づく目標価格とされ、目標価格は農業法の期間（通常5年）、固定された。

　1996年農業法において、不足払いは一旦廃止され、代わりに固定支払いが導入された。しかし、不足払いは、2002年農業法において「新しい不足払い（CCP：反循環支払）」として再導入され、2014年農業法以降、「価格損失補償（PLC）」および収入保障の一部として維持されているわけである。

　2002年農業法において不足払いが復活した際、農業法において目標価格と生産費の関係は示されず、2003年から2007年の目標価格の水準だけが示された。2008年農業法においても同じである。ただし、その目標価格の水準は、

2002年農業法の場合には生産費と同じであり、2008年農業法の場合にも生産費に近く、2014年農業法においては生産費を上回り、2018年農業法のトウモロコシ・大豆は2017年の生産費と同じか上回っていた。

このように、20年間近く、"目標価格は生産費に基づく"という状況が続いてきたのである。

生産費は、家族労働報酬、自己所有地についての地代分、減価償却費などの機会コストを含む生産費（わが国で言う全算入生産費）であり、それが保障され、得られるならば、農業生産は持続的に維持され得るという水準である。1960年代以降のアメリカ農業の発展は、この"生産費に基づく目標価格を基準とした不足払制度"によって支えられてきたのである。

（2）日本：市場価格の５年中庸３年平均

日本において、経営所得安定対策が導入されたのは、1998年の稲作経営安定対策においてである。所得保障（補償）の基準は、過去３年間の入札指標価格（＝市場価格）の平均とされた。担い手経営安定対策（2004〜06年度）における基準は、直近３年間平均の都道府県の収入（＝市場価格）とされ、品目横断的経営安定対策（2007〜09度）においては、過去５年中の中庸３年（５中３）の都道府県収入（＝市場価格）が基準とされた。

民主党政権下の2010〜13年度においては、戸別所得補償制度が実施され、所得保障（補償）の基準は、標準的な生産費（過去７年中の中庸５年の「経営費＋家族労働費」）の８割とされた。所得補償の基準は、市場価格から「生産費の８割」に変更され、基準はほぼ固定されたのである。

2012年末における自民党政権への移行により、2014年度以降、経営所得安定対策は、品目横断的経営安定対策と同じ政策＝収入減少緩和対策（ならし）に戻り、所得補償の基準も５中３の都道府県収入（＝市場価格）に戻った。

だが、経営所得安定対策の基準を「市場価格の平均」にすることは、価格の下落に応じて、保障（補償）の基準自体が低下するという問題——経営安

定対策が経営安定対策としてきちっと機能しえないという問題——を抱えることになる。すでに、この問題は、2009年以前においても発生していたが、2014年の米価下落時において強く意識されることになった。

戸別所得補償制度は、それが民主党政権による政策であったということから、その具体的な検証もなく、自民党の政策に移し替えられたが、経営所得安定対策としてきちっと機能したことは明らかである。だから、生産者の多くがこれを支持した。

（3）経営安定対策の基準を固定すべき

経営所得安定対策が機能するには、その所得保障（補償）の基準は、固定される必要がある。では、いかなる水準に固定されるべきか、といえば、それは、生産費、または生産費の一定水準をおいて他にない。現在の日本の経営所得安定対策の在り方には、修正が問われているのである。

飼料用米にも、主食用米と同じ所得を保障するとしてから、米価の下落問題は緩和しているが、この基本問題を曖昧にしてはならない。

２．経営所得安定対策の対象者：アメリカは全生産者、日本は認定農業者

（1）日本：認定農業者に限定

1998年発足の稲作経営安定対策においては、全生産者が対象であった。これが、担い手経営安定対策（2004 ～ 06年度）において、認定農業者（水田経営面積：北海道10ha以上、都府県4 ha以上）と同20ha以上の集落営農に限定され、その資金は国3：生産者1の割合で拠出するとされた。品目横断的経営安定対策（2007 ～ 09年度）においても、一定規模以上の認定農業者と集落営農への対象者の限定と生産者による資金の拠出は、基本的に引き継がれた。

民主党政権下の戸別所得補償においては、対象者は全生産者となり、資金の拠出は不要となる。

しかし、自民党政権への復帰により、2014年度以降、経営所得安定対策

〔収入減少影響緩和対策（ナラシ）〕の対象者は、認定農業者、集落営農、認定就業者となり、生産者による資金の拠出も復活した。ただし、2015年度から、規模要件は課せられていない。

　では、現在（2019年３月時点）、経営所得安定対策（収入減少影響緩和対策）の参加者は、どれくらいになっているのか。

　2017年度の米・直接交付金対象者は73.1万人、その支払面積は94.1万ha、水稲作付面積147.9万haの63.6％に当たる。

　言い換えれば、日本においては、コメ生産面積の約４割が経営所得安定対策（セーフティネット）の無い状態に置かれていることになる。

（2）アメリカ：全生産者

　これに対し、アメリカにおいてもEUにおいても、経営所得安定対策を含むすべての農業政策は、全生産者を対象としている。アメリカの場合、全農場211万の４分の３（159万）が趣味や居住目的で農業を行う農村居住農場である（2012年農業センサス）。そのアメリカにおいて、農村居住農場を含む全農場が経営所得安定対策の対象とされている。

　アメリカでは、規模の大小にかかわらず、兼業か専業かにかかわらず、農業生産を行っている者は、同じ生産者として公平に政策の対象になっている。これは、現在だけでなく、戦前・戦後から一貫して、そうである。これは、公平性の原則によるものといえよう。

（3）対象者を限定する論理とその問題

　"経営安定対策の対象を限定する"という考え方は、「小規模生産者は生産性の向上に資することはない→その存続は規模拡大の妨げになる→全生産者を対象にするのはバラマキである」という論理とに基づいている。

　具体的には、「経営所得安定対策の支払いが小規模生産者に対して行われれば、（それがなければ、農業生産を止めたであろう）小規模生産者を農業内にとどめるから、規模拡大を妨げる」という主張である。

だが、この議論は、重大な事実誤認に基づいている。経営所得安定対策の支払は面積単位である。したがって、その支払いは経営面積の大きな大規模農家にとって圧倒的に有利である。小規模面積の農家にも支払いが行われるが、その額は、極めて少ない。2010年度の戸別所得補償の作付け規模別の支払額に基づいて計算すれば、0.5ha未満の小規模農家51.4万の受け取った支払額は、平均5.6万円にすぎない。月平均額にすれば、わずか4,700円である。これが、農業に留まるという判断をする額になりうるはずがない。

バラマキ論は、こうした経営所得安定対策（面積単位の支払い）のもつ特質を無視した議論に陥っているのである。

「全生産者を対象にしているから、不必要なバラマキ」という批判は、欧米において今もかっても存在しない。欧米においては、全生産者を対象とする経営所得安定対策（アメリカにおける不足払い、EUの直接支払い）の下で、規模拡大が進展してきたのである。

（4）日本も全生産者を対象に

農業者の生産活動は、農地を生産に用いることによって、多面的機能の発揮に貢献している。そこに、全生産者が政策の対象になる積極的根拠がある。

3．経営所得安定対策の資金

（1）アメリカは全額政府資金

アメリカは、経営安定対策に必要な資金は、すべて政府が責任を持つ。基準（目標価格）以下への価格の下落について、生産者には責任がないから当然である。

（2）日本は生産者が4分の1負担

これに対して、日本では、その資金を政府3：生産者1の割合で生産者も拠出する。生産者が4分の1を負担するのである。その結果、経営安定所得対策といっても、4分の1割り引かれたものにとどまる。

（3）日本も全額政府が負担すべき

EUにおいても、経営所得安定対策（直接支払い）について、生産者の拠出＝負担はない。

生産者が経営所得安定対策の資金の一部を負担するということは、その分、経営所得安定対策の意義を低めるものであって、政策の目標に逆行する。生産者の拠出を取りやめ、欧米と同様に、その必要資金の全額を政府が賄うべきである。

4．長期政策の決定（米）と策定（日）

（1）アメリカ：農業法として議会で決定

アメリカは、5年ごとに議会において全政策のチェックを行い、次の5年間に行う政策を議会が農業法として決定する。

（2）日本：政府における基本計画の策定

日本においては、その作業は農水省における基本計画の策定として行われる。

ただし、基本計画の策定は、政府内の作業であり、議会で審議・策定されるものではない。アメリカの「農業法の議会における決定」と日本の「基本計画の政府における策定」の間には、基本的な差異がある。

（3）日本：基本計画の策定を踏まえた、議会における決定に移行すべき

日本も、農水省における基本計画の策定を踏まえた、議会における5年ごとの全政策の点検に基づく政策決定に移行する必要がある。それこそが、政策決定の透明性を1点の曇りもなくすることにつながるであろう。

第IX章
基本計画の問題点
—根拠の不明確な自給率45％目標—

　基本計画における「2030年の食料自給率45％への目標設定（表IX－1）」は、"牧草生産量の拡大（48％増）を中心にして、食料自給率を35％から45％に引き上げる"ことが軸になっている。

（表IX－1）食料自給率目標〈基本計画〉（％）

年度	2019 実績	2030 目標	現行目標
供給熱量ベース　　総合自給率	37	45	45
生産量ベース　　　総合自給率	66	75	73
飼料自給率	25	34	40

資料：農水省「基本計画」2020 年、参考資料より。

　食用穀物や畜産物などの直接食用農産物の自給率の大幅な引き上げではなく、牧草という畜産飼料の自給率の引き上げという食料自給率の間接的な形での引き上げである。

　穀物生産の自給率増加は、小麦自給率12％（76万トン）から19％（32万トン）へ、大豆自給率6％（25万トン）から10％（34万トン）へ、に留まる。

　食料自給率45％への拡大といっても、その中身は薄いといわざるをえない。

1．基本計画における自給率・農地・単収の目標

（1）2030 年の品目別自給率目標
1）2030年の目標値：2019年度に比べ、どれくらい引き上げられているか

　まず、その点を見ておこう。表IX－2が、それである。

　コメは、自給率が97％（2019）→98％（2030）と、ほとんど変わらないので、ここでの検討外とし、小麦、大豆、飼料作物（牧草）について、取り上げる。

2）小麦

　小麦の2019年の生産量は76万トン（表IX－2）、その自給率は12％であった。これを2030年に生産量108万トン、自給率19％にする。生産量を32万トン、42％増やし、自給率も7％ポイント引き上げるという意欲的な目標である。

3）大豆

　大豆も、2019年の21万トン、自給率6％から、2030年に34万トン、自給率19％にする。

　作付面積を15万haから17万haへと2万ha（13％）、単収を1.67トンから2トンへと20％増大させて、生産量を21万トンから34万トンへと13万トン

（表IX－2）主要品目の作付面積・単収・生産量・自給率（基本計画）

品　目	2019年度				2030年度目標[1]			
	作付面積 万ha	単収 トン/ha	生産量 万トン	自給率 %	面積 万ha	単収 トン/ha	生産量 万トン	自給率 %
コ　メ	147 (100)	5.32 (100)	775 (100)	97 (100)	132 (90)	5.47 (103)	723 (93)	98 (101)
飼料用米	8 (100)	5.38 (100)	43 (100)	上に含む	9.7 (121)	7.20 (133)	70 (163)	上に含む
小　麦	21 (100)	3.99 (100)	76[2] (100)	12 (100)	24 (114)	4.54 (114)	108 (123)	19 (158)
大　豆	15 (100)	1.67 (100)	21[3] (100)	6 (100)	17 (113)	2.00 (120)	34 (136)	10 (167)
野　菜	40 (100)	2.81 (100)	1,131 (100)	77 (100)	42 (105)	3.14 (112)	1,310 (116)	91 (118)
飼料作物[4]	89 (100)	3.51 (100)	350[4] (100)	76 (100)	117 (131)	4.13 (118)	519[5] (148)	100 (132)

注1）努力目標。

注2）農水省のデータ（資料11頁）では76万トンであるが、収量×作付面積＝83.8万トンになる。

注3）農水省のデータでは21万トンであるが、収量×作付面積＝25.1万トンになる。

注4）牧草など。

注5）可消化養分総量（TDN）。

資料：農水省「食料自給率目標と食料自給力指標について」2020年4月、農水省「基本計画」2020年、参考資料より。

（62%）増やすとする。これも意欲的な目標である。

4）飼料作物（牧草など）

牧草を中心とする飼料作物については、2019年の生産量350万トン、自給率76%を、2030年には同519万トン、100%にする。

作付面積を89万haから117万haへと28万ha（31%）拡大し、単収を3.51トン/haから4.13トンへと0.62トン（18%）、生産量を350万トンから519万トンへと169万トン（48%）拡大する、とする。

小麦・大豆以上の最も意欲的な目標設定である。

5）2030年の食料自給率

これらによって、2030年の食料自給率を45%に、とする。2019年の自給率37%から、8%ポイント、率にして22%の引き上げとなる。

食料自給率目標45%は、小麦・大豆・飼料作物自給率目標の大幅なアップの結果ある。

（2）農地面積の見通し

現行（2019年）の農地面積は、439.7万haである。

これまでの趨勢が今後も継続した場合には、2030年度には47.7万ha減少し、392万haになる。しかし、今後行う施策の効果を見込んだ場合には、減少面積は25.7万haに減少し、2030年の農地面積は、414万haに留まる見とおしとされる（表IX－3）。

（表IX－3）基本計画における農地面積の見通し（2019→2030年度）　　　（万ha）

年度	2019	2030	差
現行の面積	439.7		
これまでの趨勢が今後も継続した場合の2030年度の面積		392	－47.7（－10.8%）
今後行う施策の効果を見込んだ場合の2030年度の面積		414	－25.7（－5.8%）

資料：農水省、「基本計画」2020年、資料I-1。

（3）作付面積の拡大と単収の上昇が、生産増の根拠

　以上のように、基本計画における生産増大は、作付面積の拡大と単収の上昇の二つがその根拠になっている。

　2019年と比較した2030年の作付面積は、小麦で14％、大豆で13％、飼料作物で31％増大しており（表Ⅸ－2）、いずれも、作付面積全体の増加率4.2％を大幅に上回っているのである。

　また、単収は、小麦14％、大豆20％、飼料作物18％の増となっている（表Ⅸ－2）。

　単収の増と作付面積の拡大とが相まって、生産量の増大：小麦23％、大豆36％、飼料作物48％の増をもたらすとされる。

（4）生産拡大の中心をなす飼料作物

　生産拡大の中心に設定されているのが、牧草など飼料作物の169万トン、48％増である。大豆・小麦も生産は拡大とされているが、その拡大幅は、大豆36％：9万トン、小麦23％：32万トンで飼料作物と比べるとやや小さい。

　その結果、飼料作物の自給率は、2019年76％から、2030年には実に100％になるとされているのである。

２．基本計画を検討する

　以上の2030年に向けての基本計画を検討していこう。

（1）農地面積が 25.7 万 ha（5.8％）減るなかで、主要品目の作付面積の維持は可能か

　農水省の「基本計画」による「農地面積の見通し」によれば、現行の農地面積439.7万haは、(1)「これまでの趨勢が今後も継続していく場合」には、2030年度に392万ha、すなわち、現行の農地面積よりも47.7万ha（10.8％）減少する、(2)「今後行う施策の効果を見込んだ場合」には、25.7万haの減少にとどまり、2030年度の農地面積は、414万haとなる、という見通しを示して

（表Ⅸ‐4）小麦：作付面積・単収・生産量（2015-2019）

	作付面積	単収2)	生産量1)
	万 ha	トン/ha	万トン
2015	21.0	3.86	81.2
2016	21.3	4.01	85.2
2017	21.3	4.71　（128）	100.4
2018	21.4	3.69　（100）	79.1
2019	21.2	4.27	90.7
平均	21.2	4.11	87.3

注1）玄麦。
注2）単収の変動幅が大きい。2018-2017 の間で、28％も違う。アメ
　　リカの単収は、2017/18 年度 3.45 トン、2019/20 年度 3.24 トン。
資料：農水省「ポケット農林水産統計 20182018」234 頁。

（表Ⅸ‐5）大豆：作付面積・単収・生産量

	作付面積1)	単収2)	生産量3)
	万 ha	トン/ha	万トン
2015	12.9（100）	1.55（100）	20.5（100）
2016	13.2（102）	1.76（114）	23.2（116）
2017	14.2（110）	1.71（110）	24.3（122）
2018	15.0（116）	1.59（103）	23.8（119）
2019	15.0（116）	1.68（108）	25.3（127）
平均	14.1（109）	1.66（107）	23.4（114）

注1）この間、緩やかに拡大。
注2）単収は、1.5 トン/ha-1.7 トン/ha の間にある。アメリカの単収は 1.24 トン
　　/ha（2019）。
注3）2016-2019 は、23万-25万トンの間にある。
資料：「ポケット農林水産統計 2018」、249 頁。

いる。

　ここで注目したいのは、基本計画では、「今後の施策が効果を上げた場合」
においても、なおかつ、25.7万haの農地減少が起こり、農地面積は414万ha
に減少する、としている点である。

　2019年において、主要品目の作付面積の総計は290.1万ha、飼料作物の作
付面積は89万ha、合計379.1万haとなる。これは、現行の農地面積439.7万ha
の86％に当たる。

（表Ⅸ－6）基本計画：主要品目の作付面積の総計と農地面積（2019、2030）
（万 ha、%）

項目	2019		2030	
主要品目・作付面積の総計	290.1		287.9	
飼料作物の作付面積	89		117	
合計	379.1	（86）	404.9 （103.2）	（97.8）
農地面積（趨勢が継続した場合）	439.7	（100）	392 （100）	
農地面積（施策の効果を見込む）			414	（100）

資料：表2と同じ。

　これに対し、2030年の場合には、主要品目の作付面積の総計は287.9万ha、飼料作物の作付面積は117万ha、合計404.9万haとなる（表Ⅸ－6）。これは、「これまでの趨勢が今後の続く」とした場合の農地面積392万haを12.9万ha（3.2%）上回ることになる。12.9万ha（全体の3.2%）の農地面積が不足することになるわけである。

　他方、「施策の効果が見込まれる場合」には、2030年度の農地面積は、414万haとなり、2030年度の主要品目・作付面積と飼料作物の作付面積の合計面積404.9万haを9.1万ha（2.2%）上回ることになる。

　「施策の効果が見込まれれば」2030年度においても、主要品目の農地面積は、辛うじてではあるが、確保されることになる。

　だが、主要品目の必要な作付け総面積に対する農地面積の余裕は、2.1%：9.1万haで極めて小さい。このことからも、後に見る「耕作放棄地の生産への回帰」が重要な意味を持っているのである。

（2）小麦・大豆の大幅な単収増の根拠はあるのか
　基本計画の中心は、小麦・大豆・飼料作物の作付面積の増加とかなり大幅な単収増である。その単収増に十分な根拠があるのだろうか。

1）小麦
　基本計画は、「新品種の開発導入の促進」を、小麦の「克服すべき課題」

としている。小麦の「14％の単収増」は、これから開発されるべき課題であって、具体的な根拠があるものではないように見られる。

2）大豆

　基本計画は、大豆についても、小麦と同様に、「新品種の導入の促進」を「克服すべき課題」とする。大豆の「20％の単収増」も、これから開発されるべき課題であって、具体的な根拠があるとは見られない。

3）飼料作物

　飼料作物（牧草）の単収増について、基本計画は「草地改良」とともに、「優良品種普及」をあげている。ここでは、小麦・大豆とは異なり、優良品種は既に存在しており、その普及が課題とされている。

　牧草の単収向上は、現実的課題として設定されているとみられる。

4）根拠のない小麦・大豆の単収増

　このように、基本計画の「2030年における小麦の14％の単収増、大豆の20％単収増」は、これからの課題であって、そこには具体的な根拠は存在しないと見なければならないであろう。

　いわば、基本計画は、具体的な根拠のないままに、小麦と大豆の単収増を

（表Ⅸ－7）耕作放棄地と荒廃地の面積　　　　　　　　（万 ha、％）

	万 ha		備考
耕作放棄地1)	39.5	(9.0)	2017 年
荒廃地2)	28.1	(6.4)	2018 年
合計	67.6	(15.4)	
農地面積	439.7	(100)	2019 年

注1）耕作放棄地：過去 1 年以上作付せず、今後数年の間に再び作付けする意思のない土地。農家の自己申告による。

注2）現に耕作に供されておらず、耕作の放棄により荒廃し、通常の農作業では、作物の栽培が客観的に不可能となっている農地。

注3）農地全体の1/7が荒廃地・耕作放棄地。

資料：ポケット農林水産統計、2018、pp.130-131. 農地面積は基本計画：「農地の見通しと確保」による。

前提とし、2030年における自給率の45％への上昇を設定していると考えられるのである。

5）希望的な観測に留まる自給率45％

農水省が「2030年に自給率を45％に」とすれば、日本の農業関係者のだれもが喜ぶであろう。だが、農水省が言うからには、そこに根拠がなければならない。

残念ながら、今回の基本計画には、その根拠が乏しい。2030年の食料自給率目標45％は、希望的な観測に留まっているとみられる。

３．耕作放棄地の回復、それに基づく自給率の向上

耕作放棄地面積39.5万haは、現行の農地面積439.7万haの9％（表Ⅸ－7）であり、2030年に見通される農地面積414万haの9.5％に当たる。

耕作放棄地が耕地に回復すれば、自給率の１割近い向上になる。すなわち、自給率は、35％＋3.5％＝38.5％になるわけである。

これと着実な単収増による主要品目の自給率の向上で、自給率40％台を目指すことが現実的であろう。

だが、そのためには、耕作放棄地の回復に向け、そこで生産する生産者への支援が必要であり、そこに思い切った財政資金の投与が求められる。

第Ⅹ章
食料の輸入依存と国際貿易協定

1．わが国食料の輸入依存：畜産物の輸入依存も進む

　わが国の総合食料自給率（カロリーベース）は2017年で38％。1996年43％から、さらに5％ポイント低下している。飼料用を含む穀物自給率は28％で、極めて低い。トウモロコシを中心とする飼料穀物の国内生産が少なく、その自給率が27％と低いことの結果である。飼料自給率が2005年25％から2016年27％へと2％ポイント上昇しているのは、コメの一部を飼料用米として用いていることによる。

　すでに、23年前の1996年において、穀物自給率は30％、飼料自給率は26％と極めて低い水準に低下していたわけであるが、それ以降、今日に至る23年間において、畜産物の自給率の低下が進んだ。豚肉の自給率は、96年62％→2006年50％、牛乳乳製品の自給率は96年72％→06年68％→2017年62％へと10年間で10％ポイント下がっている（表Ⅹ-1）。

　この畜産物の自給率低下の動向を、もう少し詳しく見ると（表Ⅹ-2）、

（表Ⅹ-1）日本の食料自給率（％）（1995、2005、2016）

	1996	2006	2017
総合食料自給率1)	43	40	38
穀物自給率2)	30	28	28
飼料自給率	26	25	27
牛肉	39	43	38
豚肉	62	50	50
牛乳乳製品	72	68	62
野菜	85	81	80
果実	49	44	41

注1）供給熱量ベース。
注2）飼料用を含む。
資料：農林水産省『平成28年度　食料需給表』2018年5月、25頁。

（表Ⅹ－2）畜産物：国内生産量と輸入量　　　　　　（万トン、％）

	1996	2006	2017
牛肉　国内生産量	59（38.5）	50（43.3）	46（38）
輸入量	94（61.5）	65（56.7）	75（62）
合計	153（100）	115（100）	121（100）
豚肉　国内生産量	130（62.7）	124（48.8）	128（49.8）
輸入量	77（37.3）	130（51.2）	129（50.2）
合計	207（100）	254（100）	257（100）
牛乳・乳製品1） 国内生産量	847（72.1）	829（68.4）	735（61.8）
輸入量	328（27.9）	383（31.6）	455（38.2）
合計	1175（100）	1212（100）	1190（100）

注1）生乳換算量。

　(1) 牛肉の場合には、2006年にBSE問題などで、輸入牛肉が1996年から3割以上も減少する一方、国産牛肉の減少幅が少なかったことにより、自給率は96年38.5％から06年43.3％へと上昇するが、2017年には、輸入量の回復により、再び96年水準の38％に低下している。

　(2) 豚肉の2006年の輸入量は、牛肉の輸入減を補う形で、96年の77万トンから130万トンへと大幅に増大した。他方、国内生産も124万トンと96年130万トンに近い水準を維持し（自給率49％）、2017年においても、その生産量と自給率を維持している。

　(3) 1996年の牛乳・乳製品の国内生産量は847万トン（生乳換算量）、自給率も72.1％に及んでいたが、2006年829万トン（自給率68.4％）→2017年735万トン（同61.8％）へと低下が続いている。これは、主として、高齢化による酪農生産者の減少の結果である。

2．TPP協定と日EU経済連携協定の発効

　こうした状況のなかで、環太平洋連携協定（TPP協定。以下、TPP協定）が、2018年12月30日に発効し、日EU・経済連携協定（日EU・EPA協定。以

下、日EU・EPA協定）も2019年2月1日に発効した。日本農業は、今や、TPP協定と日EU・EPAの枠内におかれているのである。これに、2019年8月に大枠合意した日米物品貿易協定が加わる。

　日EU・EPA協定のベースはTPP協定であり、日米物品貿易協定もTPP協定を踏襲しているから、TPP協定が、我が国の国際貿易協定の骨格になっている。

　そこで、まず、TPP協定を検討し、次いで、日EU・EPAにおいて新たに設定された内容について見ていくことにする。

3．TPP協定

（1）TPP 交渉（2010 → 2018）

　TPP交渉は、2010年に、アメリカ、豪州、ニュージランド、シンガポール、ベトナム、ブルネイ、マレーシア、チリ、ペルーの9か国で始まり、2011年に日本、2012年にカナダ、メキシコが参加して、12か国による交渉（TPP12）となった。ただし、アメリカは、トランプ大統領の下で、交渉から離脱。TPP11は2018年に合意に達し、上述のように、2018年12月30日に発効した。

（2）牛肉

　TPP合意により、牛肉の関税は、協定発効後1年目に現行38.5％から27.5％に10％ポイント引き下げられ、一挙に4分の1削減される。以降、段階的に削減されていき、10年目に20％になり、15年目に9％に引き下げられる。9％の水準は、日豪EPAにおける冷凍肉18年目の関税19.5％の半分であり、現行38.5％の4分の1に過ぎない（表X－3）。

　15年後（2034年）の牛肉関税9％は、国境保護措置の役割をほとんど果たし得ないレベルに近い。

　極めて遺憾な合意といわなければならない。

（表X-3）TPP 合意（2018 年 12 月）：牛肉の関税削減とセーフガード

時期	関税	セーフガード	
		発動基準（万トン）	戻す関税（％）
1 年目	38.5→27.5％に	59（現行 52）	38.5
10 年目	20％に	69.6	30
15 年目	9％に	73.8	18

資料：農林水産省「TPP 農林水産物市場アクセス交渉の結果」。

（3）豚肉

1）現行の豚肉関税制度

　現行の豚肉についての関税制度＝差額関税制度は、豚肉の輸入価格により、3 つの部分からなっている（表X-4）。

（表X-4）現行の豚肉関税制度（差額関税制度1)）　　　　　　　　　　（円/kg）

輸入価格	関税	総輸入価格（輸入価格＋関税）
524 円（基準価格）＜輸入価格	4.3%	輸入価格：700 円の場合 730 円
65 円＜輸入価格＜524 円	547 円（524 円×1.043）－輸入価格	輸入価格：300 円の場合 547 円
輸入価格＜65 円	一律 482 円	輸入価格：50 円の場合 532 円

注1）1 kg 524 円（関税込み 547 円）以下では、国内に入りえない。
資料：表X-1と同じ。

　ア．輸入価格が基準価格（kg524円）よりも高い場合には4.3％の関税（従価税）が課せられる。基準価格は国産品の流通価格を参考に決められ、2019年時点で 1 kg524円。

　イ．輸入価格が524円（基準価格）以下、65円以上の場合には、基準輸入価格547円（基準価格524円＋524円×4.3％）と輸入価格の差が関税となる。安い豚肉ほど高い関税がかかることになる。

　ウ．輸入価格がkg65円以下の場合、一律kg482円（基準輸入価格547 ～

565円）の関税（従量税）がかかる。差額関税制度は、イとウの部分
である。

2）安い豚肉の関税：大幅引き下げ

kg65円以下の安い豚肉の関税は、1年目に現行482円の4分の1の125円に、
5年目に7分の1の70円に、10年目に約10分の1の50円に引き下げられる。
さらに、12年目にはセーフガード（輸入量が一定水準に達した場合の輸入制
限措置）も廃止される（表X−5）。

（表X−5）TPP合意：安い豚肉1)の関税削減とセーフガード

時期	関税	セーフガード	
		発動基準	戻す関税
1年目	現行482円→125円に	設けず	
5年目	70円に	輸入量＞9万トン	100円に
10年目	50円に	輸入量＞15万トン	70円に
12年目		セーフガードを廃止	

注1）輸入価格、65円/kg。
資料：表X−2と同じ。

3）高い豚肉の関税：10年目に撤廃

高い豚肉の関税（現行4.3%）は、1年目に2.2%に引き下げられ、以降、
段階的に引き下げて10年目に撤廃される。12年目にはセーフガードも廃止さ
れる（表X−6）。

（表X−6）TPP合意：高い豚肉の関税削減とセーフガード

時期	関税	セーフガード	
		発動基準	戻す関税
1年目	現行4.3%→2.2%へ		
1〜2年目	段階的に引き下げ	基準の112%	4%
3〜6年目	〃	基準の116%	4年目3.4%
7〜11年目	〃	基準の119%	7年目2.8%
10年目	0%に		2.2%
12年目		なくす	なし

資料：表X−2と同じ。

4）養豚団体の見方

日本養豚団体の志澤会長は、このTPPについて、2015年7月「豚肉の関税をkg50円とした場合、米国産の低価格部位は、課税後350円程度で輸入され、国産相場（目下600円前後）も同水準まで暴落する。再生産可能な価格を下回り、国内の養豚業者は、わずかしか生き残れない」[1]とした。

関税がkg50円に近い70円になるのは、5年後（2023年）である。それは、近い将来であって、長期の先のことではない。

豚肉についてのTPP交渉の結果は、重大な問題をはらんでいたといわざるをえない。

4．日EU経済連携協定（EPA）

日EUの経済連携協定（EPA。以下、EPAとする）交渉は、2013年3月に始まり、2017年12月に妥結した。その交渉期間は5年4か月で、比較的に短い。そして、2019年わが国は、EUの輸出品である乳製品について、相当な譲許を行ったのである。

（1）牛肉・豚肉

牛肉と豚肉についての合意は、TPPの場合と同じである。

ただし、EUの対日豚肉輸出量（2014〜16年度平均）は30.3万トン、主要輸出国の中の第1位である（表X-7）。

関税がkg70円に近くなる5年後には、わが国の養豚生産者は、EU・アメ

(表X-7) 日本の豚肉輸入量（2014~16年度平均）

輸入国・地域	豚肉輸入量（万トン）	％
EU	30.3	36.1
アメリカ	26.7	31.8
カナダ	16.7	19.9
合計	84.0	100

資料：農畜産業振興機構、『畜産の情報　別冊資料』平成29年9月。

リカからの豚肉の強い輸出圧力に直面することになるであろう。それへの対応が問われる。

（２）脱脂粉乳・バター

1）現行の輸入制度：関税

　①脱脂粉乳

　現行の関税は、脱脂粉乳：国家貿易（農畜産業振興機構による輸入）の場合「１kgあたり輸入価格の25％、または35％＋130円/kg」。それ以外の民間貿易による場合「396円＋輸入価格の21.3％」となっている（囲みX－１）。

（表X－8）乳製品：国内生産量と輸入量（2016-18年平均）　　（万トン、％）

品目	国内生産量（A）	輸入量（B）	輸入比率（B/A）（％）
脱脂粉乳	12.5	1.9	15.2
バター	6.3	1.2	19.1
ナチュラルチーズ	4.6	25.4	552

資料：『畜産の情報　別冊統計資料』平成30年9月、48－50頁。

　ここに、2013～16年度平均・輸入価格380円/kgを入れると、国家貿易の場合の関税額は「95円、または225円」、民間貿易の場合は477円となる。民間貿易の関税額は、国家貿易の関税額の2.1倍になる。このような関係の下では、民間貿易による輸入は、まず起こりえない。

　②バター

　国家貿易の場合の関税は「１kgあたり輸入価格の35％＋290円」、民間貿易の場合「同29.8％＋985円」となっている。

　バターの輸入価格は2013～16年平均で419円/kgである。

　バターの民間貿易の関税は、輸入価格の２倍以上になるから、一般的には民間貿易による輸入は起こりえない。

　実際、バターの輸入の97％、脱脂粉乳の輸入の94％が、準政府機関：農畜産業振興機構による輸入である[2]。

（囲みⅩ－1）TPP合意（2017）：乳製品の現行関税と輸入数量、輸入価格、国内価格

1）脱脂粉乳（国家貿易）　輸入枠内関税：25％、35％＋130円/kg
　　　　　　　　　　　　　輸入枠外関税：1kg当たり396円＋輸入価格の21.3％

　　　　　　　　　　　　　＊輸入価格（2016－18年度平均）252円/kg
　　　　　　　　　　　　　　国内価格（　　　〃　　　　）471円/kg

　　　　　　　　　　　　　＊生産量（2016－18年度平均）　125,088トン
　　　　　　　　　　　　　　輸入量（　　　〃　　　　）　　48,287トン

2）バター（国家貿易）　　輸入枠内関税：35％＋290円
　　　　　　　　　　　　　輸入枠外関税：1kg当たり985円＋輸入価格の29.8％

　　　　　　　　　　　　　＊輸入価格（2016－18年度平均）　　471円/kg
　　　　　　　　　　　　　　国内価格（　　〃　　年度平均）1,365円/kg

　　　　　　　　　　　　　＊生産量　（2016－18年度平均）　63,321トン
　　　　　　　　　　　　　　輸入量（　　　〃　　　　）　　11,540トン

3）チーズ　関税割当制度　プロエスチーズ用の原料として、国産1：輸入品2.5の
　　　　　　　　　　　　　抱き合わせを条件に無税。

　　　　　　現行関税　　　ナチュラルチーズ：主に原料として用いられるハード系、
　　　　　　　　　　　　　主に直接消費に用いられるソフト系、ともに29.8％（大部
　　　　　　　　　　　　　分のチーズがここに入る）。
　　　　　　　　　　　　　ナチュラルチーズを加工したプロセスチーズ、おろしチー
　　　　　　　　　　　　　ズ：40％。

＊輸入価格（2016－18年度平均）・関税割当内　　ナチュラルチーズ　458円/kg
　　　　　　　　　　　　　　　　　　　　　　　　プロセスチーズ　　606円/kg

資料：農畜産振興機構『畜産の情報　別冊統計資料』平成30年9月。

2）合意内容

①脱脂粉乳とバター

脱脂粉乳とバターについて、関税には手を付けていない。代わりに、1年目12,857トン→7年目15,000トン（生乳換算）のEU向け輸入枠（民間貿易）を設定する（囲みX−2）。それらは、国内牛乳生産量773万トン（2014〜16年度平均）の0.17％、0.19％に当たる。

すでに、WTOやTPPにおいて、脱脂粉乳とバターの輸入枠は設定されているから、それらを含めた総輸入枠（生乳換算量）は、1年目21万トン→7年目22.2万トンとなる。その国内生産への割合は2.9％→3.0％、同乳製品処理量（チーズ・クリーム向けを除く）159.5万トンへの割合は13.2％→13.9％

（囲みX−2）日EU・EPA合意（2017年7月）：乳製品

> 1）脱脂粉乳・バター
>   輸入枠（商社等による民間貿易）の設定：
>   1年目12,857トン（生乳換算）→7年目15,000トン
>   枠内関税 脱脂粉乳：25％、35％＋130円/kg→25％、35％へ（11年目）
>   バター ：355＋290円/kg→35％へ（11年目）
>
> 2）チーズ
>   ①EU向け関税割当量（輸入枠）：チーズ全体について横断的に設定。
>   1年目：2万トン（生乳換算量）→16年目3.1万トン。
>   国内チーズ向け牛乳量44.6万トン（2016−18年度平均）の4.5％→7.0％。
>   ②関税割当を設定した輸入枠内の関税：段階的に16年目に撤廃。
>   ③枠外関税：ハード系ナチュラルチーズとソフト系のシュレッドチーズとソフト系の
>   シュレッドチーズ、おろし・粉チーズなど。段階的に16年目に関税撤廃。
>
>   1）ホエイ（チーズ製造の際に発生する副産物。食品の原材料。国内生産量2万ト
>   ン（製品重量））現行輸入量：13,260トン（2014−16年度平均）
>   ①EU向けに新たな関税割当を設定：6200トン→11年目9400トン。
>
> 資料：農林水産省『日EU・EPAにおける品目ごとの農林水産物への影響について』平成
>   29年11月、『日EU・EPA大枠合意における農林水産物の概要』①（EUからの輸
>   入）平成29年7月。

になる。それは、我が国の脱脂粉乳とバター需給に大きな影響を与えうる存在＝価格低下圧力となることは間違いない。

（3）チーズ

1）現行の輸入制度

　設定されている輸入枠のなかの輸入については、国産との抱き合わせを条件に無税とされている。

　輸入枠外の輸入については29.8％の関税である。ただし、プロセスチーズ用の原料として、国産チーズ1に対し2.5の割合での輸入を条件とする。国内需給への影響の緩和を図るためとされる。

　こうした輸入制度のもとで、チーズの国内生産量・輸入量はともに伸びてきた。それは、チーズの国内消費量が急速に拡大したからである。表Ⅹ－9のように、チーズ国内消費量は、この7年間で実に30％増大している。それに伴って、国内生産は3％拡大した（表Ⅹ－10）。輸入量は消費量とほぼ同

（表Ⅹ－9）チーズの国内消費量　　　　　　（単位：1,000トン）

時期	国内消費量	指数
2009～2011年度平均	250.6	100
2016～2018年度平均	326.7	130
変化	＋76.1	30％

資料：農畜産業振興機構『畜産の情報　別冊統計資料』平成30年9月。

（表Ⅹ－10）チーズの国内生産量　　　　　　（単位：トン）

時期	ナチュラルチーズ合計	うち、原料用プロセスチーズ	原料用プロセスチーズ以外
2009－2011年度平均	44,777（100）（100）	24,847（100）（55.5）	19,930（100）（44.5）
2016－2018年度平均	46,279（103）（100）	23,105（93）（49.9）	23,174（116）（50.1）
変化	＋1,502（3.4）	－1,742（7.0）	＋3,244（16.3）

資料：表7と同じ。

じ29％の伸びを示しているのである2)。

　また、現在の我が国の1人当たりチーズ消費量は、諸外国と比べ、極めて小さい。EU平均の約8分の1、アメリカの約7分の1である（表Ⅹ－11）このことは、我が国において、今後、チーズの消費と生産が、さらに伸びていく可能性が大きいことを示しているといえよう。

（表Ⅹ－11）主要国のチーズ一人当たり消費量（2015年度）

（単位：kg）

国・地域	一人当たり消費量	比較
日本	2.2	1.0
EU 平均	18.3	8.3
アメリカ	16.0	7.3
豪州	13.4	6.1
ニュージーランド	8.8	4.0

資料：農畜産業振興機構。

2）合意内容

ⅰ．チーズ全体のEU向け輸入枠を新たに設定する。1年目：2万トン（製品重量）→16年目3.1万トン。2万トンは現行のチーズ輸入量24万トンの8％に、3.1万トンは13％に当たる。国内チーズ需給に影響を与えうる相当な数量といっていい。

ⅱ．枠内関税　ナチュラルチーズ（ハード系）の関税を16年目に撤廃する。

ⅲ．枠外関税、

　Ａ　主として原料として用いられるハード系ナチュラルチーズとソフト系のシレッドチーズ、おろし・粉チーズ（プロセスチーズ）の関税を段階的に16年目に撤廃する。

　Ｂ　クリームチーズ〈乳脂45％以上〉の関税を10％削減する。

　Ｃ　ブルーチーズの関税を、11年目までに、段階的に50％削減する。

　シレッドチーズ、おろし・粉チーズ（プロセスチーズ）の関税が段階的に16年目に撤廃される。ブルーチーズの関税も11年目に半減される。少なくとも7～8年後には、これらの関税は大幅に下がる。また、現行チーズ輸入量

の10％前後のチーズが、新たにEUから入ってくる。

　チーズの国内生産は、国内消費の拡大に支えられて拡大しているが、そうしたなかでも、関税の引き下げとEU輸入枠の設定に基づく輸入チーズの増大は、チーズ価格に低下圧力をかけてくることが予測される。

5．日米貿易協定（2019年）

　日米貿易協定の交渉は、2019年12月に妥結し、2020年1月1日に発効した。アメリカが、早期妥結を強く望んでいたからである。すでに、TPP11は発効している。アメリカは、かつて、TPP12の主要な一員として、TPPに入っていた。だが、TPPから離脱したことにより、発効したTPP11から除外されていたことになる。これは、TPPのメンバーである日本などへの農産物輸出において、アメリカが、同じくTPPのメンバーである豪州やニュージランドに対し、決定的に不利な状態に置かれていることを意味した。アメリカの農業団体や食品産業団体は、こうした状態からの脱却＝TPPと同じ内容での日本との貿易協定の締結を強く欲していたのである。

　この協定により、日本は、TPPの自由化水準内で農産物市場を開放することになった。

　アメリカ産牛肉の関税は38.5％から段階的に下がり、2033年度には最終的に9％となる。

　日本農業にとっては、重大な打撃となるといわなければならない。日本農業には、それへの対応が問われる。

6．日本農業の課題

（1）現行の畜産経営安定対策

　牛肉については肉用肥育牛経営安定対策事業（新マルキン）、豚肉については養豚経営安定対策事業がある。いずれも、生産者も資金を拠出すること（生産者1：国3）を前提に、標準生産費を保障の基準とし、標準販売額が標準生産費を下回った場合に、その差の9割が補填される。

（2）牛・豚肉の経営安定対策：全額政府資金による10割補填を

　生産者が基金の4分の1の拠出金を払うことを前提にすれば、実質的な補填水準は、差の約3分の2＝67.5％（0.9×0.75）にとどまる。

　アメリカの不足払いやEUの直接支払いの資金は、全額、政府資金（財政）によっている。生産者の負担はない。価格の下落に生産者は一切責任がないのであるから、当然である。

　わが国も、生産者拠出金を廃止して、全額政府資金による差の10割補填を行うべきである。

（3）酪農対策：中小規模層を対象にした加工原料乳生産者補給金（不足払い）の新設を

　加工原料乳については、"生産費を基準とし、それと販売乳価の差を補填する"加工原料乳生産者補給金の制度がある。この制度が、長年にわたり、我が国の酪農生産者を支えてきた。令和2年度の予算額は、367億6,800万円である。

　表X－12は「北海道の規模別・牛乳生産費」を示す。これによれば、搾乳牛規模100頭以上1,310戸の牛乳100kgあたり生産費（6,656円）と49頭以下1,841戸の生産費（「20～29頭」層で8,746円）の間に大きな格差があることがわかる。100頭以上の生産費を100とすれば、20～29頭層は131であり、3割以上も生産費が高い。30～49頭層も、100頭以上より17％高い。

　現在の加工原料乳生産者補給金制度（不足払い）は、生産費の平均を基準としている。そのことは、補給金制度は、規模の大きな生産者に有利で、規模の小さな生産者には不利である。こうした補給金制度のあり方は、規模の拡大を促すから好ましい、としうるだろうか。

　規模拡大を大前提にすれば、そうなる。だが、日EU・EPAの大枠合意を契機に問われているのは、それだけではない。チーズ・乳製品の生産増大自体が問われている。

（表Ⅹ－12）北海道：搾乳牛規模別・牛乳生産費（2017）

搾乳牛規模（頭）	経営体数	（%）	生産費 （円/100 kg）	比較	
1〜19	267	4.6	9,579	137	144
20〜29	284	4.8	8,746	125	131
30〜49	1,290	22.0	7,810	112	117
50〜79	1,940	33.1	7,023	101	
80〜99	773	13.2	6,887	99	
100〜	1,310	22.3	6,656	95	100
北海道全体	5,864	100	6,976	100	

資料：農水省『平成28年度畜産物生産費』平成30年7月、59頁、『畜産統計』平
　　成30年12月、56頁。

　そのためには、規模の大小を問わず、チーズ生産を行う酪農生産者の牛乳
生産の拡大と、生産者個人、生産者の共同、地域農協等による多様な形での
チーズ生産の推進が問われているのである。欧州でのチーズ生産は、まさに、
そうした多様な形で行われている。

　そうであるならば、現在の大規模酪農家が有利な加工原料乳補給金制度に
加え、小規模層の蒙っている不利益を取り除いた制度に変える必要がある。
それは、北海道全体の標準（平均）牛乳生産費（1）に加え、搾乳牛49頭以
下の中小規模層層（1,841戸）を対象とする加工原料乳補給金制度（2）を設
定し、その中小規模層の生産を積極的に支えていくことである。多様なチー
ズ生産の拡大・発展は、その上にこそ、展望されると考えられる。

注1）日本経済新聞、2015年7月24日。
注2）農畜産業振興機構『畜産の情報　別冊統計資料』平成29年9月、46〜47頁。

第XI章
我が国農産物輸出の現状と課題
―日本食の海外普及に総力を―

1. 農産物輸出の現状：2012年→18年へとアジア諸国を中心に倍増

2020年の農林水産物輸出額は9,217億円であった。

農林水産物輸出額は、2012年4,497億円→2018年9,068億円と着実に増大し、この6年間で2倍になったのである（表XI－1）。

日本からの農林水産物輸出が伸びた主要相手国は、香港、中国、アメリカ、台湾、ベトナムである（表XI－2）。さらに、輸出が伸びたトップ10か国のうち、アジア諸国が8か国を占めている。

食生活が比較的近いアジア諸国への輸出を中心にして日本の農産物輸出は、急拡大を遂げてきたのでる。

主要な農水産物の2020年1～10月における輸出額を見ると（表XI－3）、
(1) 加工食品2,993.8億円（主要農水産物合計6,434.6億円の46.5%）。うち、アルコール飲料：552.9億円（同8.6%）、ソース混合調味料296.4億円（4.6%）。清涼飲料水289億円（4.5%）

（表XI－1）農林水産物の輸出額（2012～2020）

（億円、%）

年	合計	農産物	水産物	林産物
2012	4,497 （100）	2,680 （100）	1,698 （100）	118 （100）
2013	5,505 （122）	3,136 （117）	2,216 （131）	152 （129）
2014	6,117 （136）	3,569 （133）	2,337 （138）	211 （179）
2015	7,451 （166）	4,431 （165）	2,757 （163）	263 （223）
2016	7,502 （169）	4,593 （171）	2,640 （155）	268 （227）
2017	8,071 （179）	4,996 （186）	2,749 （162）	355 （301）
2018	9,068.8 （202）	5,661 （211）	3,031 （179）	376 （319）
2019	9,121 （203）	5,878 （219）	2,873 （169）	370 （314）
2020	9,217 （205）	6,560 （241）	2,276 （134）	381 （320）

資料：農林水産省。

（表XI－2）主要な国・地域への農産物輸出額

(億円、%)

国・地域	億円	%
香港	2,037	22.3
中国	1,537	16.9
アメリカ	1,238	13.6
台湾	904	9.9
韓国	501	5.5
EU	494	5.4
ヴェトナム	454	5.0
タイ	395	4.3
シンガポール	306	3.4
豪州	174	1.9
世界全体	9,121	100.0

注1）アジア8か国で67を占める。
資料：農林水産省。

（表XI－3）主要農水産品目の輸出額（2020年1~10月）

品目	億円	%
加工食品	2,993.8	46.5
うち、アルコール飲料	552.9	8.6
ソース混合調味料	296.4	4.6
清涼飲料水	289.0	4.5
畜産品	613.0	9.5
うち、牛肉	219.8	3.4
牛乳乳製品	188.3	2.9
穀物	410.3	6.4
うち、コメ	41.7	0.7
野菜・果実	338.8	5.3
水産物	1,345.2	20.9
うち、ホタテ	247.6	3.9
サバ	184.3	2.9
マグロ、カツオ	178.9	2.8
ぶり	134.0	2.1
水産調製品	444.5	6.9
合計	6,434.6	100

資料：農林水産省。

（2）畜産品613億円（9.5％）。うち、牛肉219.8億円（3.4％）、牛乳乳製品188.3億円（2.9％）

（3）穀物410.3億円（6.4％）。うち、コメ41.7億円（0.7％）

（4）野菜・果実338.8億円（5.3％）

（5）水産物1,345.2億円（20.9％）。うち、ホタテ247.6億円（3.9％）、サバ184.3億円（2.9％）、マグロ・カツオ178.9億円（2.8％）、ぶり134億円（2.1％）

（6）水産調製品444.5億円（6.9％）、となっている。

　日本食に必要な加工食品、野菜・果実、水産物などが、日本からの輸出の中心を占めているのである。

　また、同じ時期（2020年1～10月）において、前年同期比で伸びの高い品目とその伸び率を見ると、カツオ・マグロ40％、牛乳乳製品24％、清涼飲料水12％、野菜・果実5.2％、緑茶9％となっている。

　このように、日本からの農水産物の輸出とその増大は、アジアを中心とする海外諸国における日本食の普及を基礎としていることが伺える。

2. 2019年以降、緩やかな増大に

　2019年の日本からの農林水産物輸出額9,121億円は、2018年9,068億円からの53億円（0.6％）の微増にとどまっている（表XI－1）。また、2020年の同輸出額9,217億円も、前年2019年から96億円（1.1％）の増加にとどまっている。

　2012年から2018年へと6年間にわたり急拡大を遂げてきた日本の農水産物輸出は、2019年以降、緩やかな増大に転じているわけである。

　こうしたなかで、政府は、2020年4月、農林水産物輸出促進法を施行し、それに基づいて、2025年の農林水産物・輸出目標額を2兆円台、2030年の同目標額を5兆円台とする「輸出拡大実行戦略」を打ち出した。

　2025年の輸出目標額2兆円は、現行（2018～2020年平均）輸出額9,135億円の2.2倍、2030年5兆円は、現行（同）9,095億円の5.5倍に当たる。

　日本の農水産物輸出額が、残念ながら、2018～2020年において緩やかな

増大に転じていることを踏まえれば、これは気宇壮大な目標といわざるを得ないであろう。

　では、現在の農水産物輸出が緩やかな増大から、さらに一層の輸出拡大へと転じるには、何が必要であろうか。

　それは、日本の農水産物輸出の基礎をなす日本食のアジア・海外諸国における普及、そのための日本食が健康に良いことのアッピール（TVコマーシャルを含めた宣伝）、日本食を割安で提供するJapanese dayの設定等である。

　アジアには、10万1,000店の日本食レストランが展開する。それは、全世界の日本食レストラン15万6,200店の65％に及ぶ（表XI－4）。

（表XI－4）日本食レストランの海外展開　　　　　　　　（店）

地域	2013	2019	倍率 (2019/2013)
アジア	27,000　(49.3)	101,000　(64.7)	3.7
北米	17,000　(31.0)	29,400　(18.8)	1.7
欧州	5,500　(10.0)	12,200　(7.8)	2.2
中南米・その他	5,200　(9.5)	13,600　(8.7)	2.6
総計	54,700　(100)	156,200　(100)	2.9

　資料：農林水産省。

　そこにおいて、日本の官民が日本食の一層の普及に向けて全力をあげて取り組めば、この3年間の農水産物輸出の横ばい状態は打破されうるものと考えられる。

3．地域包括的連携協定（RCEP）への過度な期待は禁物

　2020年11月15日、第4回RCEP首脳会議において、東アジアを中心とする15か国は、地域包括的経済連携協定（RCEP）を締結・署名した。

　RCEPへの加盟国は、次の15か国である。

　(1) ASEAN（東南アジア諸国連合）加盟の10か国：インドネシア、タイ、

フィリピン、カンボジア、ラオス、ミャンマー、シンガポール、ベトナム、マレーシア、ブルネイ、

(2) TPP参加国の３か国：豪州、NZ、日本、

(3) 中国、韓国。

　世界の国内総生産（GDP）の約３割（29％）を占める大型の経済連携協定（EPA）が発足することになった。

　このようなRCEPの締結により、そこへの日本からの農林水産物輸出・拡大の期待が一部に生まれている。果たして、そう言えるのか。

　発効には、ASEAN10か国のうち６か国以上、ASEAN以外から３か国以上の批准が必要となる。中国は、国内手続きを終えたが、他の国は、これからである。

　RCEPの締結において最も重要なことは、RCEPは、加盟国のなかに農林水産物の生産国が多い事情に配慮して、農林水産物の高度な自由化を見送ったことである。

　日本は、重要５品目（コメ、麦、牛肉・豚肉、乳製品、甘味資源作物）について、関税削減・撤廃から、すべて除外することとした。

　日本が、農林水産品の関税削減に応じた場合にも、その削減率は、(1) ASEAN諸国等とは、すでにわが国が締結している経済連携協定（EPA）の範囲内の水準：61％（TPP諸国の場合には82％）以下、(2) 中国・韓国とはそれよりもさらに低い水準（対中国56％、対韓国49％）に抑制したのである。

　日本は、RCEPにおいて、日本の主要な農産物＝重要５品目の全面的な維持・防衛を目標とし、他国も、それを認めたわけである。

　だが、その結果、RCEP諸国の日本に対する農林水産物関税も、ほとんど引き下げられないままに留まることになった。

　中国が行った主な関税削減・撤廃は、

(1) 清酒：現行40％を21年目に撤廃する、

(2) ホタテ貝：現行10％を11年目、または21年目に撤廃する、

(3) さけ：現行５％、７％、または10％を11年目、または21年目に撤廃する

という程度にとどまったのである。

　タイやインドネシア、フィリピンは、工業製品の一部については、新たに、RCEPにおいて、関税削減・撤廃を行ったものの、農林水産物については、一切行っていない。これらの国にとっては、農林水産業は重要な産業だからである。

　また、貿易交渉は、"give and take"だから、日本が、農産物輸入について、重要5品目を関税撤廃だけでなく関税削減からも除外しておいて、他国に対し高度な自由化を求めることは出来ないのである。

　以上の結果、日本からRCEP諸国に農林産物輸出を拡大する可能性も低いままに留まらざるをえない、と考えられる。

　RCEPの締結をもって、日本の農林水産物輸出が拡大する道が大きく開けたとすることはできないといえよう。

　RCEP諸国への輸出拡大の道は、関税撤廃・削減を待つのではなく、日本食の普及を基礎として農林水産物の輸出を拡大していくものとして、考えなければならないのでる。

4. 「輸出拡大実行戦略」予算の大幅拡充を

　政府は、2020年4月、2025年の農林水産物・輸出目標額を2兆円台、2030年の同目標額を5兆円台とする「輸出拡大実行戦略」を打ち出した。

　2025年の輸出目標額2兆円は、2018〜2019年平均の輸出額9,095億円の2.2倍、2030年5兆円は、現行（同）9,095億円の5.5倍に当たる。

　この「輸出拡大戦略」は、日本の農林水産物輸出額が2012年4,497億円から2018年9,068億円へと6年間で倍増したことを根拠にしているとみられる。

　この拡大戦略は、アジアに展開する日本食レストランが、2013年2万7,000店から2019年10万1,000店に、6年間で実に3.7倍に急増していること（表XI－4）も、背景にしているといえよう。

　こうした日本食レストランのアジアにおける増加の背景には、農林水産省による支えもあった。そのひとつは、2016年度に創設した「日本産食材を積

極的に使用する海外の飲食店などを『日本産食材サポータ店』として認定する制度」である。「2019年度末には、4,776店が認定されている」という（令和2年度『農業白書』）。

　もうひとつは、同じく2016年度に創設された「海外の外国人料理人を日本料理の料理人として認定する『日本料理の調理技能認定制度』」。これには、2019年度末で1,375人が認定されているとされる（同『白書』）。

　政府は、「輸出拡大実行戦略」目標の実現に向けて「目標の達成に向けた官民一体となった海外での販売活動が必要」とし、

（1）JETROによる輸出の総合サポート

（2）日本産食材サポーター等と連携したキャンペーンの実施

（3）グローバルイベント等を活用した日本食・食文化の発信

（4）食品企業の海外進出支援などに、

令和3年度予算において38億円の予算を計上している。

　さらに、「マーケット・インの発想で輸出にチャレンジする農業漁業者の後押し」に73億円、「政府一体となった輸出の障害の克服等」に48億円、合計99億円を「輸出拡大戦略」の実行に投じる、としている。

　だが、「海外での販売強化」のための38億円の予算は、2025年の目標輸出額2兆円や2030年の目標輸出額5兆円に比べ、あまりにも少ない。

　販売活動の強化・拡充のためには、少なくとも目標輸出額の0.5％（2020〜25年：50億円、2025〜30年：250億円）くらいの予算が必要であろう。

　農林水産物の輸出額を5年で2.2倍、10年度5.5倍にするという政策は、農林水産省にとって初めてのことである。これまで、経験したことのない政策を実施するのるから、しっかりとした予算の裏付けがない限り、その目標を達成することは困難と考えられる。「輸出拡大実行戦略」推進のための予算措置の思い切った拡充が強く望まれる。

第XII章
平成の農産物貿易交渉を踏まえて
―日本農業の課題―

　平成（1989～2018）30年間における日本の係った主要な農産物貿易交渉は、①ガット・ウルグアイ・ラウンド交渉（1986→1993）、②ガットの後身であるWTO農業交渉（2000～）、③太平洋地域12か国によるTPP交渉（2010→2018）、④日EU・EPA交渉（2013→2017）の４つである。

　このうち、WTO交渉は2008年に行き詰まり、今日に至るも妥結していない。ほかの３つは、合意・妥結した。

　ここでは、交渉が行われた順に、交渉の経緯、妥結内容（妥結に至らなかった場合には、その背景）について示していくことにする。

１．ガット・ウルグアイ・ラウンド農業交渉（1986→1993）1)

（1）交渉の経緯

　ガット（General Agreement of Tariff and Trade：関税と貿易についての一般協定。1948年調印）は、関税と貿易についての協定であるとともに、その協定を担う国際組織であり、現在のWTO（World Trade Organization：世界貿易機関。1995年１月発足）の前身である。

　ガット・ウルグアイ・ラウンド交渉の参加国は128か国。当時のガット加盟国のほぼすべてが交渉に参加した。

　交渉分野は、農業を中心とする市場アクセス改善６分野をはじめ、全体で15分野であった。

　1986年９月に交渉を開始し、1993年12月に妥結した。農業が交渉の焦点に位置していたのである。

　それまでの農業交渉→合意は、もっぱら、国境措置（関税や輸入制限）をめぐるものであり、輸出補助金や国内保護は、事実上、交渉の対象外とされ

（表XII-1）農業についてのウルグアイ・ラウンド合意（1993年12月）

		削減方法と削減率	基準年
市場アクセス	国境措置	すべての非関税国境措置について、その内外価格差を関税化する。関税化方式は、従量税1)、従価税2)のずれかを選択する。全品目の単純平均で6年間で36％、1品目最低15％の削減を行う。関税化についての特例措置を設ける（基礎的食料）。	1986-88年平均。
	最低輸入機会の提供	初年度：国内消費量の3％、最終年度：同5％の輸入機会を提供する。	同上
	現行輸入機会の提供	基準年の輸入量が最低輸入機会を上回っている場合には、其の輸入水準を維持する。	同上
国内保護		「生産を刺激する政策」と「貿易を歪曲する政策」の保護水準を、品目のトータルを基準として、6年間で20％削減する。	同上
輸出補助金		金額（財政支出）で6年間で36％削減、数量ベースで同21％削減する。新しい品目に輸出補助金をつけてはならない。	1986-90年平均

注1）従量税：内外価格差を額（万円/トン）に置き換え、その額を輸入価格に上乗せする。

注2）従課税：内外価格差を率（％）に置き換え、輸入価格にその率をかける。

ていた。

　これに対し、UR農業交渉は、その両分野も交渉対象とし、関税等の国境保護措置の削減、国内支持の削減、輸出補助金削減の3分野について、交渉を行ったわけである。

（2）交渉の焦点＝輸出補助金（主として EU が使用）の削減

1）輸出補助金を一環とするEUの共通通農業政策（CAP）

　当時（1980年代後半～90年代初頭）のEUは、EC（European Community：欧州共同体）であったが、ここでは、当時から現在までをEU（European Union：欧州連合）として扱う。ECは、今日のEUの中核をなしてきたから

である。

　そのEUの共通農業政策（Common Agricultural Policy：CAP）は、輸入品に対しては、輸入価格の３倍近い課徴金（関税）を課して輸入を排除する一方、輸出品に対しては、域内価格の３分の２を輸出補助金で補って輸出を進めていくことを可能にさせていた。

2）EUの輸出補助金を用いた輸出拡大とアメリカの対抗

　こうした輸出補助金政策に支えられて、EUの穀物貿易量は、79・80年平均の純輸入量1,740万トンから86・87年平均の純輸出量2,500万トンへと大きく変わり1）、EUは、80年代後半には穀物の純輸出地域に転じたのである。

　輸出補助金は、鉱工業製品については、ガットルールで厳しく禁止・制限されている。しかし、農業においては、その使用が容認されていた。EUは、それによっていたのである。

　この輸出補助金を用いたEUの輸出拡大は、アメリカの穀物輸出市場を侵食する形で行われたから、アメリカとの間で対立関係を生み出した。そこから、アメリカは、当時始まっていたガット・ウルグアイ・ラウンド交渉に輸出補助金についての規律確立と同補助金の削減を交渉テーマに載せたのである。

（3）合意内容のポイントと特徴

1）UR合意のポイント

　①国境保護措置

　すべての非関税国境保護措置について、その内外価格差を関税化する。そのうえで、全品目平均36％、１品目最低15％の関税削減を行う。基準は1986〜88年。

　②国内保護

　生産を刺激する政策、貿易を歪曲する政策に伴う保護水準を６年間で20％削減する。基準は1986〜88年。

③輸出補助金

輸出補助金の額（財政支出）を6年間で36％削減する。また、輸出補助金をつけて輸出する農産物の数量を同21％削減する。基準は1986〜90年。新しい品目に輸出補助金をつけてはならない、とした。

2）特徴

①輸出補助金への規制

UR合意は、初めて、輸出補助金に規制をかけた。「額で36％、数量で21％削減する。新しい品目に輸出補助金を付けない」という合意である。これは、着実に実行に移された。90年代中期以降の国際価格の上昇もあり、輸出補助金の使用は急減し、2010年代には、ほとんど用いられていない。

②例外なき関税化

最大の特徴は、輸入制限等の非関税措置の関税化であった。基準年における内外価格差が大きければ、関税化した場合の関税額も自動的に高くなる。だが、その関税額に上限などは一切設定されなかった。UR合意は、関税化の結果としての高関税を認めたわけである。

関税の削減率は、この関税化した品目も含め、全品目の単純平均で6年間において36％の削減、1品目最低15％削減する、とされた。

単純平均とは、貿易額の大小にかかわらず、それらの関税率を単純に合計して、それを品目数で割って平均を出すことである。

品目数は、日本、アメリカ、EUともに、1,300品目前後に及ぶ。したがって、以上の意味するところは、各国の重要品目については、「6年間で15％（年2.5％）削減」という最も低い削減率が適用可能となったということであった。

UR合意は、「関税以外のすべての国境措置を関税化する」という厳しい原則を設定する一方、その具体的な関税削減の実施においては、相当の柔軟性と現実への配慮を含んでいたのであった。

③国内保護削減についての柔軟措置

国内農業政策のなかの生産を刺激する政策と貿易を歪曲する政策に伴う各

品目の保護相当額〔価格支持作物の（内外価格差）×（生産量）＋（財政支出）〕を算定し、それらを合算した総額を 6 年間で20％削減する、とした。

このように、削減が各品目ではなく、その総額になったことで、基準年（1986 〜 88）から1993年までの間において、保護水準の削減が20％を超えて大幅に進んでいる品目の削減額によって、削減が20％未満である他の品目もカバーされることになった。

こうして、アメリカ、EU、日本ともに、国内保護は、すでに、20％削減がクリアされていたこととなり、削減の必要はなくなったのである。

これもまた、国内保護を削減対象とするという原則を設定したうえで、その実行については、現実的配慮を加える形になっていたといえる。

2．WTO農業交渉：途上国と先進国の対立による決裂（2008）、以降の漂流

ガット・ウルグアイ・ラウンド交渉が合意した際（1993年12月）、農業とサービスの分野については、2000年からの交渉の開始が合意されていた。

しかし、開始されたWTO農業交渉は、新たな交渉プレイヤーとして登場した途上国連合（インド・ブラジル・中国）と先進国の対立によって、2008年の閣僚会合において決裂し、以降、今日に至るまで、交渉の漂流状態が続いている。

UR交渉（1986 〜 1993）までの農産物貿易交渉は、事実上、先進諸国（アメリカ、EU、日本、豪州）内の交渉であった。途上国は、豪州が盟主となっているケアンズ・グループの一員として交渉に参加していることにとどまっていたのである。

これに対し、WTO交渉においては、もはや、ケアンズ・グループは存在していなかった。途上国は、中国・インド・ブラジルを中心とする「途上国連合」という有力な交渉グループを形成し、先進国に対峙するに至ったのである。

WTO交渉は、2008年12月、閣僚会合に提示された議長提案に途上国グループが反対し続けたことにより、「合意するのは困難」と議長に判断され

て決裂に終わった。

　途上国グループの反対は、先進国や議長による途上国の関税を一律に引き下げる市場開放措置提案への反発によるものであったと考えられる2)。

　以降、今日に至るWTO交渉の漂流状態が10年間以上続いている。

　そうしたなかで、国際農産物貿易交渉の主要な舞台は、特定の地域において国際貿易協定を締結することに関心を持つ国々による交渉（TPPや新NAFTA＝USMCA）、あるいは、2国間交渉（日豪FTA、日EU・EPA、日米物品貿易交渉）に移っていくことになった。

3．TPP交渉（2010→2018）とTPP協定、日EU経済連携協定

　TPP交渉とTPP協定と日EU経済連携協定については、第Ⅹ章において扱っているので、ここでは扱わない。第Ⅹ章をみられたい。

注1）服部信司『ガット農業交渉』農林統計協会、1990年、43頁。
注2）服部信司『WTO農業交渉2004』農林統計協会、2004年、83〜84頁。
注3）日本経済新聞、2015年7月24日。

著者略歴

服部　信司（はっとり　しんじ）

東洋大学名誉教授・国際農政研究所代表

1938年	静岡県生まれ。
1962年	東京大学経済学部卒。一時、商社に勤務。
1983年	東京大学大学院経済学研究科博士課程修了。経済学博士。
1986年	岐阜経済大学講師。同大学助教授、教授を経て、
1993年	東洋大学経済学部教授。
2004～2008年	東洋大学経済学部長。
2009年	日本農業研究所客員研究員。
2009年	東洋大学名誉教授。
2015年	国際農政研究所を設立。

主な著書（近単著）
『アメリカ農業・政策史』（農林統計協会、2010年）
『TPP問題と日本農業』（農林統計協会、2011年）
『TPP不参加・戸別所得補償の継続』（農林統計協会、2012年）
『TPP交渉と日米協議』（農林統計協会、2014年）
『アメリカ2014年農業法』（農林統計協会、2016年）
『TPP協定の全体像と日本農業・米国批准問題』（農林統計協会、2016年）
『アメリカ2018年農業法』（農林統計協会、2020年）

バイデン政権下のアメリカ農業・農政

2023年9月15日　第1版第1刷発行

著　者　服部 信司
発行者　鶴見 治彦
発行所　筑波書房
　　　　東京都新宿区神楽坂2－16－5
　　　　〒162－0825
　　　　電話03（3267）8599
　　　　郵便振替00150－3－39715
　　　　http://www.tsukuba-shobo.co.jp
定価はカバーに示してあります

印刷／製本　平河工業社

ISBN978-4-8119-0660-7 C3061